医生的叮咛

——早产宝宝的养育指导

主编◎翟淑芬 平莉莉 刘翠青

中国健康传媒集团
中国医药科技出版社

内容提要

本书共9章，运用医学、心理学、护理学、营养学等相关知识，从早产儿的生理、生长发育特点出发，详细阐述早产儿的护理、常见并发症的防治、家庭急救和预防接种相关知识以及家庭护理的误区。全书内容深入浅出、通俗易懂，融科学性、知识性、适用性于一体，适于早产儿家长阅读查询，也适于儿科、儿保科医务工作者和广大家长参考使用。

图书在版编目（CIP）数据

医生的叮咛：早产宝宝的养育指导 / 翟淑芬，平莉莉，刘翠青主编. —北京：中国医药科技出版社，2016.1

ISBN 978-7-5067-8009-4

Ⅰ. ①医… Ⅱ. ①翟… ②平… ③刘… Ⅲ. ①婴幼儿—哺育—基本知识 Ⅳ. ① TS976.31

中国版本图书馆 CIP 数据核字（2015）第 303422 号

美术编辑 陈君杞
版式设计 麦和文化

出版 **中国健康传媒集团** | 中国医药科技出版社
地址 北京市海淀区文慧园北路甲 22 号
邮编 100082
电话 发行：010-62227427 邮购：010-62236938
网址 www.cmstp.com
规格 710 × 1000mm 1/16
印张 16
字数 234 千字
版次 2016 年 1 月第 1 版
印次 2018 年 10 月第 3 次印刷
印刷 三河市航远印刷有限公司
经销 全国各地新华书店
书号 ISBN 978-7-5067-8009-4
定价 38.00 元

前 言
Preface

随着人们生活节奏的加快、人工辅助生育技术的兴起与发展，我国早产儿的发生率逐年上升，每年约 180 万早产儿出生。现代新生儿抢救及护理技术逐渐提高，早产儿的存活率也逐年提高，大部分早产儿经院内治疗和护理后都可以健康出院。早产儿的出生，给家庭带来欢乐的同时，年轻的父母对弱小的生命充满了各种各样困惑和焦虑，担心自己不能很好地照顾宝宝，担心宝宝能否正常发育，是否合并严重的疾病，是否会留下后遗症等，他们渴望得到支持、指导和鼓励，希望通过自己的努力，让宝宝能够像其他孩子一样健康快乐地成长！

对早产儿来说，院内治疗、护理只是其健康成长的一小部分，在以后的岁月中其健康成长是在父母的呵护下来完成的。从医院到家庭，对早产宝宝和父母来说都将面临一个巨大的挑战。尤其是宝宝出生后一年半之内，这段时间是宝宝各项生理指标快速增长的时期，对其智力发育、生命体征的稳定最为关键，也是给予早期干预的最佳时期。

本人从事新生儿临床工作多年，对早产宝宝父母的焦虑和困惑感同身受，撰写本书的目的，就是通过讲解早产宝宝的生理、病理特点及家庭护理中常见问题及护理方法，以提高父母的育儿信心，帮助他们科学、合理地规划宝宝的家庭护理、养育计划。

本书通俗易懂，实用性强，不仅适用于早产宝宝的家长，也适用于儿童保健部门的医学工作人员、儿科医务工作者和家长阅读使用。

希望本书能够解除家长的烦恼和担忧，也希望能帮助与儿童健康相关人员共同辅助家长解决孩子可能或已经出现的问题。

编者

2015年12月

目录
Contents

第一章
了解早产宝宝

根据1961年世界卫生组织的倡议，人类正常妊娠期以末次月经的第一天起至分娩结束，共计40周（280天），孕周满28周不满37足周（196～259天）的活产儿称为早产儿。

第一节 概 述

早产儿（preterm infant）又称未成熟儿，多数体重低于2500g，头围在33cm以下。绝大多数早产儿出生体重均低下，出生体重2500g以下者，统称为低出生体重儿（low birth weight infant，LBWI），出生体重低于1500g者称为极低出生体重儿（very low birth weight infant，VLBWI），出生体重低于1000g者称为超低出生体重儿（extreme low birth weight infant，ELBWI）。为了使每一个孕产妇和婴儿得到合理的医疗和护理，研究者在不断地寻找更好的定义或者分类方法。

早产儿的发生率与国民经济、生活水平、卫生状况有密切关系，同时也与妇幼保健和围产医学的发展密切相关。国外早产儿发生率在4%~9%之间。中华医学会儿科学分会新生儿学组对我国16个省、自治区、直辖市的77所城市医院2002～2003年6179名早产儿进行调查，发现产科新生儿中早产儿发生率为7.8%，新生儿科住院病人中早产儿占19.7%，男女比为1.67：1。近年来国外报道早产儿的发生率呈上升趋势，国内虽无确切资料报道，但各医院新生儿科的早产儿数量也呈明显上升趋势。面对全世界范围都日益增高的早产儿发生率，全球著名新生儿营养学家、美国南佛罗里达大学医学院儿科新生儿分部副教授卡韦尔博士指出，早产儿要面对三大生长挑战：生长障碍、骨矿物含量不足、神经精神发育受限，基本上出生以后一年到一年半之内的时间，对早产儿的神经发育来说非常重要。此期间之内应该尽量努力，保证他们良好的生长。如果出生后1年或2年没有实现追赶性生长，早产儿就失去了追赶性生长的机会，神经以及体格发育可能需要面对更多问题。

事实上，由于近年来医护质量的不断提高，早产儿的存活率已经非常高，大部分可以出院。对早产儿来说，院内护理只是其健康成长的一部分，大量的护理任务是在出院后，由早产儿的父母来完成的。因此提高父母对早产儿的认知和护理水平，减少出院后的患病机会就显得尤为重要。

第二节　宝宝早产与父母的关系

“为什么我的宝宝会早产？”“为什么我会遇到早产这种事？”这是大部分早产儿父母都想知道的问题。那么早产究竟与父母有多大关系呢？其实在医学上，由于引起分娩开始的机制尚不清楚，因此关于发生早产的原因至今仍有许多不明之处，早产宝宝的父母完全没必要因为宝宝早产而懊悔自责。在临床病历分析中，引起早产的常见因素有如下几种。

一、母亲和胎儿的因素

一般孕妇患有子宫畸形，如双角子宫、单角子宫、双子宫、子宫纵隔等先天发育不全症，容易使胎儿早产，因为子宫是胎儿生长的地方，如果子宫的肌肉不能很好地伸展，便容易出现早产。先天性宫颈发育不良，或者由于分娩、流产或手术操作造成后天的宫颈损伤，子宫颈内口的松弛，羊膜囊向宫颈管膨出，都可以导致胎膜早破，出现早产。有时，即使子宫发育正常，也可能是由于妊娠中的子宫过度膨胀，如多胎妊娠、羊水过多等原因导致子宫的宫腔压力高，子宫肌肉伸展过度，也是早产的常见原因。还有绒毛膜羊膜炎、胎膜早破等宫内感染，均可导致早产。胎儿生活在胎盘功能低下和较差的子宫环境内，容易出现宫内生长迟缓及宫内缺氧情况，这种情况比其他原因造成的早产儿预后更差。双胎、胎儿畸形也是容易早产的因素。

二、妊娠合并症

在妊娠时期，如果孕妇患有以下疾病，如风疹、流感、急性传染性肝炎、急性肾盂肾炎、急性胆囊炎、急性阑尾炎、妊娠高血压疾病、心脏病等，这些疾病容易导致早产。另外，孕妇的内分泌失调，如孕酮或雌激素不足，严重甲状腺功能亢进、糖尿病等；有外伤及手术史的孕妇因为精神紧张、高血压导致组织缺氧，子宫、胎盘供氧不足；孕妇营养不良、严重贫血，特别是蛋白质不足以及维生素E、叶酸缺乏；胎盘异常及脐带过粗、过短、扭转、打结等情况，也与早产有关。

三、社会、环境因素

早产容易发生在社会层次低、无职业、经济收入低的人群中，这是由于这些人从事过重的体力劳动、工作时间过长、过度劳累，也不能正常进行产前检查，营养状况差。早产也容易发生在现代城市母亲身上，他们有较多的心理压力和工作压力，情绪经常波动，精神过度紧张；有些母亲为了体型致使体重过轻，也容易导致胎儿早产；还有一些女性因工作原因或怕生产痛苦，要求提前实施剖腹产。另外，环境污染、噪声也会增加早产危险。

四、其他因素

既往有流产史，尤其是晚期流产史、反复流产、人工流产、引产或流产后不足1年又再次怀孕的，早产的可能性最大。因流产对宫颈均有不同程度的损伤，会导致宫颈机能不全，使早产率增高。未满20岁或大于35岁的孕妇早产率明显较高，尤其是小于20岁者，以及身材矮小孕妇等，均有较高的早产危险。有不良个人生活习惯的妊娠妇女，如吸烟、嗜酒、偏食者，还有妊娠后期有频繁、强烈的性生活，易引起胎膜早破，也是导致早产的较常见原因。

第三节　早产儿的病理生理特点

绝大多数早产儿为低出生体重儿，与足月儿相比会有很大的不同。作为早产儿父母，充分了解早产儿的病理生理特点，对做好早产儿的家庭护理非常有宜。

一、外观特点

早产儿体重越低，皮肤越薄嫩，组织含水量多，有凹陷性压痕，肤色红，皮下脂肪少，肌肉少，指甲短软，手足底皱痕少，躯干部胎毛越长，头部毛发则越少且短，呈绒毛状。头较大，与身体的比例为1：3。囟门宽大，颅骨较软，耳壳平软与颅骨相贴，胸廓软，乳晕呈点状，边缘不突起，乳腺小或不能摸到。腹较胀，阴囊发育差。男性早产儿的睾丸未降或未全降，常在外腹股沟中，在发育过程中逐渐降至阴囊内。女性越早产者其小阴唇越分开而突出，大阴唇不能盖住小阴唇。

二、体温调节

因体温调节中枢发育不全，皮下脂肪少，体表面积大，肌肉活动少，自身产热少，易散热，加之基础代谢低、有产热作用的棕色脂肪层薄，碳水化合物储备少，易致体温不升，常因为周围环境寒冷而导致低体温，甚至硬肿症。另外，汗腺发育不良，出汗功能不全，又可因散热困难而致发热。所以早产儿的体温常因上述因素影响而升降不定。

早产儿通常不能维持正常体温，常为低温状态。有的早产儿要先在暖箱内进行抚育，等体重达到1800~2000g时才可离开暖箱。正常的新生儿体温在36.0~37.2℃，早产宝宝即使不需要进暖箱，在体温低于36.0℃时也要及时请医生检查。

三、呼吸系统

早产儿呼吸中枢和呼吸器官发育未成熟，呼吸功能常不稳定，呼吸快而浅，常有不规则间歇呼吸或呼吸暂停。哭声低弱，常见青紫，咳嗽反射弱，黏液在气管内不易咳出。易发生肺不张、肺出血、呼吸窘迫综合征、呼吸道梗阻及吸入性肺炎。有些早产婴儿因肺表面活性物质少，可发生严重呼吸困难和缺氧，称为肺透明膜病，这是导致早产儿死亡的常见原因之一。

不成熟的肺影响了早产儿呼吸，往往需要人工呼吸机及一些特殊药物。有一种药物——肺表面活性物质，它可以促进早产儿肺部发育，减轻呼吸困难，也在一定程度上避免了呼吸机的使用。虽然该药价格昂贵，但对呼吸困难的早产儿来说是救命药。通常体重在1000g以下的早产儿，出生时就应马上使用；体重在1500~2500g的早产儿，可以根据呼吸情况使用。

四、消化系统

早产儿吸吮及吞咽反射不健全，易发生呛咳和溢乳。贲门括约肌松弛，幽门括约肌相对紧张，胃容量较小，胃肠分泌、消化能力弱，易发生呕吐、腹泻和腹胀，影响营养、热量及水分的吸收，易导致消化功能紊乱及营养障碍。其对脂肪的消化吸收差，对蛋白质、碳水化合物的消化吸收较好。不同体重早产儿的胃容量有明显差异（表1–1）。到出生2周后胃容量才明显增加。

表1–1　早产儿胃容量与体重的关系

体重（g）	最小胃容量（ml）	平均胃容量（ml）	最大胃容量（ml）
500	2	3	4
1000	3	5	8
1500	6	9	14
2000	10	15	25
2500	20	30	45

肝脏发育不成熟，尿苷二磷酸葡萄糖转移酶不足，胆红素代谢不完全，黄疸出现早，而且程度较重、持续时间长，不及时采取措施控制黄疸的进程，会出现大脑不可逆的损伤——胆红素脑病。尽快喂奶、排便可以帮助早产儿尽早排出体内的胆红素，让黄疸消除。必要时医生还会建议给宝宝进行蓝光照射。

肝贮存维生素K较少，Ⅱ、Ⅶ、Ⅸ、Ⅹ凝血因子缺乏，凝血机制差，易致出血。肝糖原转变为血糖的功能低，早产儿易低血糖。此外，其他营养物质如铁、维生素A、维生素D、维生素E、糖原等，早产儿体内存量均不足，容易发生贫血、佝偻病、低血糖等。肝合成蛋白质功能不足，血浆蛋白低下，易致水肿，增加感染和核黄疸的危险性。

五、排泄系统

肾小球、肾小管不成熟，肾血流量少，肾小球滤过率低，水的排泄速度较慢，若摄入水分过多，易发生水肿和低钠血症。尿素、氯、钾、磷清除率低，蛋白尿较多见。虽然肾小管稀释功能可达30mmol/L，但由于抗利尿激素缺乏，肾小管远端水重吸收少，尿浓缩能力差。早产儿若有严重窒息合并低血压的发生，因肾血流减少，肾小球滤过率更降低，早产儿会出现无尿或少尿。肾小管重吸收葡萄糖阈值低，胰腺β细胞不成熟，易引起高血糖。肾小管分泌H^+功能差，排HCO_3^-再吸收和重新生成差，易致酸碱平衡失调，较易发生酸中毒。

六、神经系统

中枢神经发育较差，常处于睡眠状态。各种反射能力也差，如吞咽、吸吮、觅食、对光、眨眼反射等均不敏感，觉醒程度低，嗜睡，拥抱反射不完全，肌张力低。此外，由于早产儿脑室管膜下存在着发达的胚胎生发层组织，还容易发生颅内出血，应格外重视。

七、免疫功能

早产儿的免疫功能较足月儿更差，对细菌和病毒的杀伤和清除能力不足，从母体获得的免疫球蛋白较少，由于对各种感染的抵抗力极弱，易引起败血症、坏死性小肠结肠炎、感染性肺炎，其死亡率亦较高。

八、循环系统

由于肺部小动脉的肌肉层发育未完全，使左至右的分流增加，易有开放性动脉导管，愈早产的婴儿，其开放性动脉导管发生的比例愈高。缺氧、酸中毒易引起持续性肺动脉高血压，因由右至左的分流而引起发绀。凝血酶原不足、维生素C不足，使血管脆弱易致出血，如颅内出血、上消化道出血。白蛋白不足及血管渗透性较大易致水肿。

九、血液系统

早产儿体重越小，出生后血红蛋白、红细胞的降低开始早，6周后血红蛋白可跌至70～100g/L（足月儿于8～12周后低至110g/L），有核红细胞持续出现在周围血象中的时间也越长。血小板数也比足月儿的数值低，出生体重越小，增加越慢。

十、生长发育

早产儿比足月儿长得快，足月新生儿 1 周岁时，体重约为出生时的 3 倍，而早产儿出生时体重低，如果喂养得当，生长发育很快，1 周岁时体重约为出生时的5.5～7倍。由于长得快，极易发生佝偻病及其他营养缺乏症。

第四节　早产儿胎龄评估

胎龄即胎儿的年龄（怀孕时间），是指从卵细胞和精子结合成受精卵到胎儿自母体中分娩出来的这段时间。胎龄可根据母亲末次月经计算，也可根据新生儿出生后48小时内的外表特征和神经系统检查估计，即胎龄评估（表1–2）。

医学上规定，胎龄以末次月经的第一天起计算，但由于父母不知道准确的怀孕时间，或者由于孕妇的月经周期不准，所以有时推测的怀孕时间会与实际胎龄有出入。临床中一般使用简易胎龄评估法，操作比较简单和方便，也不受环境和宝宝疾病的影响。

表1–2　简易胎龄评估法（胎龄周数=总分+27）

体征*	0	1	2	3	4
足底纹理	无	前半部红痕、褶痕不明显	红痕>前半部，褶痕<前1/3	褶痕>前2/3	明显的深褶痕>前2/3
乳头形成	难辨认，无乳晕	明显可见，乳晕淡、平，直径<0.75cm	乳晕呈点状，边缘不突起，直径<0.75cm	乳晕呈点状，边缘突起，直径>0.75cm	—
指甲	—	未达指尖	已达指尖	超过指尖	—
皮肤组织	很薄，胶冻状	薄而光滑	光滑，中等厚度，皮疹或表皮跷起	稍厚，表皮皱裂跷起，以手足为最明显	厚，牛皮纸样，皱裂深浅不一

*各体征的评分如介于两者之间，可取其平均数。

第五节　影响早产宝宝健康成长的因素

早产儿的健康成长面临诸多因素的影响。由于早产宝宝各器官系统发育不成熟，很容易发生各种问题，如新生儿窒息、呼吸窘迫综合征、呼吸暂停、血糖过低或过高、电解质不平衡、体温不稳、易感染、坏死性肠炎、细菌感染与败血症、脑室周及脑室内出血、慢性肺疾病及早产儿视网膜病变等，其发生及严重性和早产的程度是有很大的关系，也就是说，越早产的婴儿发生上述问题的机会越高。那么，究竟哪些因素会影响宝宝的健康成长呢?

一、胎龄和出生体重

胎龄和出生体重是影响早产儿、低出生体重儿远期预后的两个最重要的因素。根据统计，早产儿脑瘫发生率约为3%，其中出生体重<1500g者脑瘫发生率约为5%～10%，主要是痉挛性的双侧瘫痪、偏瘫或四肢瘫痪，少数为共济失调性肌张力性脑瘫；25%～50%出现微小的运动和认知障碍；25%～30%在青春期出现精神心理疾患。国外的数据显示，体重<1500g的早产儿惊厥发生率是25%；体重<1000g的早产儿9%有视觉障碍，11%有听觉障碍，55%有学习困难，20%需要特殊教育。

二、各类疾病

疾病对早产儿的今后健康有显著影响。肺透明膜病、重度窒息、呼吸暂停、化脓性脑膜炎、胆红素脑病、惊厥、高血糖、肺炎等对极低体重儿的脑发育有显著影响。此外，早产儿慢性心肺疾患、早产儿暂时性低甲状腺素血症、产前或生后反复使用高剂量糖皮质激素等，均可影响早产儿未成熟大脑的结构和功能的发育。

三、营养支持

充足的营养对于大脑的发育至关重要。人脑的脑干中主要是脂肪，约

20%的大脑皮质和25%的蛋白质由磷脂花生四烯酸和廿二碳六烯酸组成，它们对脑的生长、功能及其完整性十分重要，这些营养物质多存在于人乳中，人乳喂养的早产儿智商可能会高于牛乳喂养的。早产儿尤其是极低、超低出生体重儿，容易对胃肠道喂养不耐受，常需一段时间的经静脉营养，如供给的营养素不全面，可影响大脑的正常发育。

四、成长环境

新生儿监护病室中的早产儿、低出生体重儿经常处在环境的刺激之下，包括多种监护仪器、建立血管内通道、机械通气等等，并妨碍护理人员和（或）家长与他们的有益相互接触，其他如病室中的噪声、持续明亮的光线等均对发育中的婴儿大脑有不利的影响。在出院后接触的社会和环境因素，如贫困、母亲年龄过大或过小、单亲家庭、母亲精神抑郁、父母文化程度低、早教经验缺乏、师资学历低等，对其智力发育均会有显著影响。

面对早产儿的各种发育风险，在护理早产宝宝的过程中，家长朋友们千万不要急躁，要树立信心，新生儿期要细心观察、有无异常情况发生，喂养要适当、衣着室温要适合孩子，有病要及时治疗，通过系统的早期干预，早产宝宝一样会健康成长。实践证明，2岁前是弥补先天不足的宝贵时间，只要科学地喂养，在2周岁以前早产儿的体质赶上正常儿是完全可能的，且体力、智力都不会比足月儿差。

第二章 迎接早产宝宝

任何父母都会为新生宝宝的到来感到兴奋、激动，但同时也会有一些焦虑和不安，特别是作为早产宝宝的父母，心情或许更为复杂，身心所遭受的困扰和压力也会更大。“为什么我的宝宝会早产？”“怎么才能照顾好宝宝？”，“我的宝宝会和足月宝宝一样成长吗？智力、身高等有影响吗？”等问题是早产儿父母最关心的。

早产宝宝在经过一段时间的院内护理后就可以出院回家了，面对这个提前来到世上的小生命，为了他（她）的健康成长，您做好准备了吗？

第一节 调整心态，做自信父母

一、直面压力

宝宝早产对一个家庭来说，尤其是年轻的父母，会带来比较大的震动，一方面是对宝宝未来的担心，另一方面是面临宝宝今后的照顾及经济因素等压力，这时大多数父母都会情绪低落、失望，处于紧张和高压的状态。

压力是一种生理反应，是人在受外部环境与条件影响而产生的不舒服和紧张的感觉。产生压力的事件，我们称之为压力源。每个人在相同的压力源面前心理过程是不同的，所表现的反应不尽相同。过大的压力容易引发和导致的如精神萎靡、神情恍惚、抑郁焦虑、心烦易怒、动作失调乃至神经紊乱、精神失常和记忆力减退、注意力涣散以及偏头痛等一系列疾病和状态，对人们的身心健康构成相当大的威胁，同时也会殃及宝宝。但适当的压力可以让父母保持清醒的头脑，增强心理警觉，以更好的照顾早产宝宝。

在当代社会中，每个家庭和个人都会或多或少面临各种不同的压力和挑战，最重要的是我们要拿出足够的勇气去面对这些压力和挑战，俗话说没有过不去的坎，看着宝宝健健康康一点一点长大，我们所有的付出都是值得的。因此，早产儿父母要学会直面压力，及时调整好心态，以平静的心情迎接宝宝回家。

其实在生活中可以采取多种方法来舒缓压力，下面为年轻的父母介绍一些减压的小方法，帮助大家减轻压力，以便健康快乐、精神饱满的护理早产宝宝。

1. 保持健康规律的生活

保证健康的饮食和日常锻炼，注意休息，充足睡眠，只有健康的身体才能应对来自生活的各种挑战。

2. 寻求帮助

（1）专业人士：当你有疑惑或不解时，可以向专业医护人员寻求帮助，尤其是你宝宝出生的医院。不要怕被拒绝，直到问题解决为止。

（2）社会机构、网络和书籍：通过上述渠道，可以增加你对早产宝宝看护的知识，同时也可以获得必要的帮助。

（3）亲戚朋友：当你觉得有必要时，可以向他们寻求帮助。

（4）家庭成员：家庭成员应相互理解和支持，一起构建和谐的家庭氛围，不仅有利于宝宝的健康成长，而且容易释放压力。

3. 找到一种放松方式

心理学家Carol Goldberg说，"你真不可能同时紧张和放松，它们是对立的。"无论是听音乐，做深呼吸，还是冥想或深层放松的技巧，这些行为为缓解压力提供了强大帮助。

4. 找个榜样

观察和了解其他早产儿家庭是如何应对各种挑战的，试着和他们建立联系，问问他们的应对技巧，并自己尝试做出来；尝试参加某些正规组织举办的早产儿俱乐部或论坛，向他人寻求帮助，找到更适合自己的解压方式。

二、树立信心

早产儿父母要树立育儿信心，丢弃各种心理负担，用正向心态面对宝宝，相信自己的宝宝会有一个美好的未来。宝宝在住院期间，会得到医护人员的专业护理，这一期间相对来说，家长的护理压力比较小，但当宝宝出院回家后，护理工作就要由家长来独立承担了，这时许多父母心理压力增大，变得焦虑和彷徨，总是担心照顾不好宝宝。其实，疼爱孩子的天性让父母把事情做得往往比他们自己想象的要好得多。所以我们要敢于相信自己的常识和直觉，多和朋友、家人及医护人员沟通，抚育宝宝就不是一件困难的事情了。

宝宝刚回家时，是彼此的适应期，要给自己及宝宝一些时间。在护理早产宝宝的过程中，多观察孩子的变化，您若过度担心宝宝的呼吸、饮食及睡眠等问题，只会使自己变得更加焦虑、筋疲力尽。在接下来的日子里，从第一次笨拙的换尿布到熟练地为宝宝洗浴、更衣、拍背……你会发现，你和宝宝的感情越来越深，随着宝宝健康的成长，你会变得越来越自信。虽然早产宝宝的健康成长会面临一些挑战，但养育一个早产宝宝可以说是每位早产儿父母甚至一个家庭不断成长和走向成熟的过程，父母和宝宝之间相互影响，父母不仅学会了很多东西，对自己和世界的理解也会更进一步，在面临各种困境时，父母会变得更加坚强、理性和自信。

自信的父母能给予宝宝更多的安全感、更稳定的家庭环境，从而使宝宝更加健康的成长。国外有学者经过1年有目的的观察，结果表明，那些较易患病的早产儿都有一个失望、悲观和生活满意度较低的母亲。无数事实说明，只要我们树立自信，并以科学的方法来小心喂养和呵护，早产宝宝大多会与其他正常宝宝一样健康的成长！

第二节　给宝宝营造温暖、舒适、安全的家

由于早产宝宝各系统发育不成熟、免疫功能不完善，容易发生各种疾病，所以父母为早产宝宝营造一个温暖舒适安全的生活环境非常重要。

一、保持适宜的环境温度

由于早产儿体温调节中枢发育不成熟，皮下脂肪少，体表面积相对较大，散热快，摄入能量少，体内糖原储存不足，产热少。汗腺发育不好，体温调节功能差，导致早产儿体温易随环境温度变化而变化。适中的环境温度能使早产儿维持理想的体温，消耗的氧气最少，新陈代谢率最低，热量消耗少，营养物质及热能可以最大限度地用于身体的生长发育。早产儿室的温度一般应保持在24～26℃，被窝的温度应保持在30~32℃，相对湿度在50%～60%，以防失水过多。房间要经常开窗通气，空气要保持新鲜，每日通风2~3次，避免对流风直吹婴儿。

二、减少噪声的刺激

早产儿的视听觉功能发育往往不成熟，接受感觉刺激的能力相对较弱，当刺激输入与他的发育预期需要不一样时，就会造成超载的压力，可引起呼吸暂停，心动过缓，心率、呼吸、血压、血氧饱和度的急剧波动，还可带来长期的后遗症，如听力缺失和注意力缺陷多动症等。1994年，美国环保署（EPA）推荐白天45dB，晚上35dB的指数。因此，我们应努力为早产儿营造一个安静、柔和的环境。

三、减少光线的刺激

光线对早产儿脑部发育有很大影响强光刺激可使早产儿视网膜病变率增高，生长发育缓慢，持续性照明能致早产儿生物钟节律变化和睡眠剥夺。因此，必须采取措施，减少光线对早产儿的刺激，如拉上窗帘以避免太阳光照射，尤其是直射眼部。降低室内光线，营造一个类似子宫内的幽暗环境。24小时内至少应保证1小时的昏暗照明，以保证婴儿的睡眠。

四、减少感染的机会

早产宝宝的抵抗力弱，除专门照看孩子的人外，最好不要让其他人走进早产儿的房间，更不要把孩子抱给外来的亲戚邻居看，以免感染；患有传染病者勿与婴儿接触，避免小宝宝感染；宝宝的衣服、床单常保持清洁、干燥；在给孩子喂奶或做其他事情时，要换上干净清洁的衣服，洗净双手；室内禁止吸烟；家里不饲养小宠物；2岁以内避免到公共场所，如商场、餐厅、人多拥挤处。

早产宝宝和正常宝宝一样，需要准备的日常用品很多，例如衣服、奶瓶、吸奶器、被褥、尿布、洗澡盆、洗浴用品、湿巾、童车、婴儿床等等，父母应根据实际情况提前选购。

一、选购宝宝生活用品的注意事项

1. 注意早产宝宝的特点，所选用品一定要舒适、环保和安全

（1）用具方面：必须符合国际安全标准，如使用的奶瓶、奶嘴必须绝对无毒，包括使用的材料、印刷的油墨等。并应选在设计上符合人体工学原理及绝对安全的产品。

（2）衣服方面：质感要柔软、吸汗，面料以纯棉为宜，不含荧光剂，颜色以柔和、浅色为主，穿、脱要方便，尽量宽松。

（3）食品方面：应选信誉良好的厂家生产的产品。宝宝出生初期，最好用母乳喂养。母乳含丰富的蛋白质及多种抗体，是最适合新生儿的食品。

2. 适量选购

不要一次性购买太多，避免不必要的浪费。宝宝生长较快，衣服等可选大一号的。

3. 寻求帮助

除奶瓶、尿布等消耗品外，像婴儿床、婴儿车等单价高，但使用期限长的用品，可考虑向亲朋好友请求援助。

二、生活用品参考清单

1. 哺育用品

奶瓶：母乳喂养2~3只；配方奶喂养：6~8只；

备用奶嘴：n个；

奶瓶、奶嘴刷：各1个；

奶瓶消毒锅：1个；

专用奶瓶奶嘴夹：1个（搭配消毒锅或微波炉使用，安全、卫生、防止烫伤）；

暖奶宝：1个（方便于给牛奶加热、恒温保存）。

2. 妈妈用品

吸乳器：1个（可吸出多余的乳汁，减轻乳房胀痛，分手动和电动）；

防溢乳垫：1打（建议使用一次性乳垫，卫生方便，保持干爽）；

乳盾乳头保护罩：1对。（哺乳时保护乳头，防止宝宝吸吮时咬伤，减轻乳头疼痛或龟裂；帮助乳头小、扁平、凹陷的妈妈提高哺乳效率）。

3. 清洁保养用品

浴盆：1个；

洗澡纱布：2~4条；

大浴巾：2条；

棉花棒：1罐（清洁婴儿耳、鼻等）；

湿纸巾：1盒。

4. 衣物用品

棉制内衣：4~6件（纯棉，吸汗性能良好，透气性，伸缩性强。全开襟和尚衫）；

包巾或包被：2套；

尿布：30片；

纸尿裤/片：2包；

新生儿护手套、脚套：2~3套；

围兜：3~5个；

婴儿帽：1~2顶；

短袜：2~3双。

5. 居家用品

婴儿床：一个（带蚊帐和摇篮，最好可加长，栅栏可打开，以方便照顾宝宝）；

睡袋：1~2件（纯棉，外罩可拆卸，睡袋可防止宝宝踢被受凉）；

婴儿枕、定型枕：各1个（柔软透气，最好选购蚕沙、茶叶或荞麦皮的内胆。定型枕可防止宝宝脑部睡偏）；

隔尿垫：2个；

婴儿被、被套：各1~2条；

垫被、垫被套：各1~2条；

婴儿床床围：一套，防止宝宝受风或撞伤。

6. 其他用品

体温计：1个；

安抚奶嘴：1~2个；

婴儿安全指甲钳：1个；

吸鼻器：1个（有防逆流和吸管式2种，宝宝感冒时，消除鼻涕使用）；

喂药器：1个。

三、衣服的选购

衣服是早产儿娇嫩的肌肤直接接触的东西，从出生到长大的每一天，孩子从它那里感觉到的体贴，要远远多于妈妈的双手。而合适的衣服不仅能给孩子一个舒适、温暖的感觉，而且对孩子的肌肤有保护作用。为早产儿选择衣服时，应注意以下几个方面。

1. 材质

材质方面要选择纯棉的，比较柔软，舒适。冬天，应选择柔软、质地较厚、有伸缩性、保暖性、透气性及较好的手感的针织棉毛布或毛巾布；夏天，最好选择具有良好的吸汗透气性、手感舒适的针织罗纹布或棉纱布内衣。

2. 做工

做工方面要注意安全和舒适性。做工、剪裁设计上要注重孩子的体型特点，如领窝太深，领子太高太小，会影响孩子的颈部转动，孩子的下颌和脖子易出汗，容易造成颈部与领子摩擦受伤；袖缝最好采用袖部与肩部水平的立体剪裁，方便穿衣和孩子的手臂活动；衣服在腹部的部位采用重叠设计，可以保证孩子腹部不会受凉。

3. 功能

功能方面根据季节或需求进行选择。冬天应有上下分开的内衣，有利于换尿布时，孩子不易受凉；外边有连身的睡袋和长袍状衣服，可以有效保暖，避免受凉；夏天无论何种短衣裤，也要注意够长能遮盖腹部，以免腹部受凉；睡衣与日常穿的衣服相比，要更偏重于保暖性；早产儿初生期是更换尿布非常频繁的时期，选用的衣服要便于换尿布；日间孩子的腿脚活动较多，最好选用下摆一分为二的衣服，便于活动。衣服的功能要根据孩子的成长阶段，除了便于妈妈穿、脱或换尿布，还要便于孩子的活动。

小贴士　衣服的清洗消毒

1. 宝宝的衣服买回来就要洗

新购买的宝宝衣物一定要先洗过，因为为了让衣服看来更鲜艳漂亮，衣服制造的过程，可能会加入苯或荧光剂，对宝宝的健康可能会产生威胁。建议家长不要为了贪小便宜而选购便宜的衣物，尽量挑选有品牌的衣服，较有保障。

2. 成人与宝宝的衣服分开洗

要将宝宝的衣物和成人的衣物分开洗，避免交叉感染。因为成人活动范围广，衣物上的细菌也更“百花齐放”，同时洗涤细菌会传染到孩子衣服上。这些细菌可能对大人无所谓，但婴幼儿皮肤只有成人皮肤厚度的1/10，皮肤表层稚嫩，抵抗力差，稍不注意就会引发宝贝的皮肤问题，孩子的内衣最好用专门的盆单独手洗。

3. 用洗衣液清洁宝宝衣物

宝宝的贴身衣物直接接触宝宝娇嫩的皮肤，最好选用婴幼儿洗衣液清洗。洗衣粉等对宝宝而言碱性都比较大，很容易残留化学物。长时间穿着留有这些有害物的衣物会使宝宝皮肤粗糙、发痒，甚至是接触性皮炎、婴儿尿布疹等疾病。同时这些残留化学物还会损害衣物纤维，使宝宝柔软的衣物变硬。因此，宝宝衣物清洗最好使用婴幼儿专用洗衣液，不仅能彻底清洁污渍而无残留，并且能减少衣物纤维的损害，从而保持宝宝衣物柔软。在选购洗衣液时，应选择一些有信誉的品牌。

4. 漂白剂要慎用

借助漂白剂使衣服显得干净的办法并不可取，因为它对宝宝皮肤极易产生刺激，漂白剂进入人体后，能和人体中的蛋白质迅速结合，不易排出体外。台北市保姆协会理事长高丽帆表示，清洗宝宝衣物时不适合使用漂白剂，有些清洁剂含有磷化合物，不容易分解，会造成河川污染；有的漂白剂则有荧光剂附着，难以去除，长期接触皮肤会引起不舒服，甚至是起疹子、发痒等现象。

5. 要洗的不仅是表层污垢

洗净污渍，只是完成了洗涤程序的1/3，而接下来的漂洗绝对是重头戏，要用清水反复过水洗两三遍，直到水清为止。否则，残留在衣物上的洗涤剂或肥皂对孩子的危害，绝不亚于衣物上的污垢。

6. 阳光是最好的消毒剂

阳光是天然的杀菌消毒剂，没有不良反应，还不用经济投入。因此，享受阳光，衣物也不例外，宝宝衣服清洗后，可以放在阳光下晒一晒。衣物最佳的晾晒时间为10：00~15：00，如果连日阴雨，可将衣物晾到快干时，再拿去热烘10分钟左右。天气不好时，晾过的衣服摸起来会凉凉的，建议在穿之前用吹风机吹一下，让衣服更为干爽，不过这样的效果不比直接用阳光曝晒杀菌的方式好，假若天气许可，仍以自然晾晒为第一考量。所以要将宝宝衣物晾在通风，且要是阳光可照射得到的地方。另外，提醒爸爸妈妈们，晾晒宝宝衣物之处，尽量不要有大人走来走去，否则身上的油污、灰尘，很可能在此过程中附着在宝宝的衣物上。

四、奶瓶的选购

奶瓶是早产宝宝的必备用品，尤其是对母乳不足的新妈妈来讲，更要提前为小宝宝备好奶瓶。早产儿因为吸吮能力较弱，奶嘴应以质软、中号、圆洞为佳；新生儿号、小号、十字、Y字奶嘴洞皆不适合早产儿或吸吮力较弱的新生儿。至于合适的奶嘴洞大小，是以奶瓶倒立时，奶水可以1滴/秒流下来即为适合。

（一）不同材质奶瓶的比较

1. 玻璃奶瓶

玻璃奶瓶适合新生宝宝。

优点：安全性、耐热性较好，且不易刮伤、不易藏污垢、好清洗、能承受反复消毒、不易变形、奶瓶的刻度不易磨损等。一般而言，喂养新生宝宝以使用玻璃奶瓶为主。

缺点：瓶身较重、易碎，掉落、撞击、寒冷的时候加入热水时，有可能会破碎。另外，有瑕疵也是玻璃奶瓶破碎的一个原因，所以要经常检查有没有裂痕或者瑕疵，而且牛奶温度不能过高。

对宝宝有潜在的危险，而且玻璃奶瓶容易过热，不方便宝宝捧着喝奶，所以适合在家里或医院使用，并且由母亲喂食。

2. 不含双酚A的塑胶奶瓶

不含双酚A的塑胶奶瓶适合较大的宝宝。

优点：颜色鲜艳、材质轻、不易破裂、适合外出及宝宝自己喂食时使用。

缺点：容易留有奶垢、不易清洗。经受反复消毒的“耐力”不如玻璃奶瓶。但当宝宝长大些，想自己拿奶瓶时，塑胶奶瓶就开始派上大用场了。

注意：使用一段时间后，瓶身就会因为刷洗和氧化，出现模糊的雾状及奶垢不易清除等情况，建议定期更换；但如果表面有破损及磨损现象时，则一定要及时更换。

3. 不含双酚A的硅胶奶瓶

优点：硅胶奶瓶采用液态硅胶制成，不含双酚A，也不会破碎，广受青睐。硅胶奶瓶耐水防潮性好，在–60~200℃保持良好的弹性；稳定性好，在室温25℃密封不受潮、不遇高温可放置至少1年以上不变质；耐化学药品性好，耐酸、碱和多种化学药品，是替代塑料奶瓶的最佳选择。

缺点：由于清洗奶瓶后，在瓶身会有一些附着物，看似没有清洗干净，不容易辨别是否清洗干净。

（二）挑选时要注意奶瓶口径和容量

1. 奶瓶口径

奶瓶的口径分为标准和宽口2种。宽口径设计的奶瓶调乳时奶粉不容易洒出来，清洗起来比较方便，使用更便利。

2. 圆形

圆形奶瓶适合给0~3个月的宝宝使用。这一时期，宝宝吃奶、喝水主要是靠妈妈喂，圆形奶瓶内颈平滑，里面的液体流动顺畅，使用方便。母乳喂养的宝宝喝水时最好用小号，储存母乳可用大号的。用其他方式喂养的宝宝则应用大号奶瓶喂奶，让宝宝一次吃饱。

3. 弧形和环形

4个月以上的宝宝有了强烈地抓握东西的欲望，弧形奶瓶像一只小哑铃，环形奶瓶是一个长圆的“O”字形，它们都便于宝宝的小手握住，以满足他们自己吃奶的愿望。同时，还可以锻炼宝宝的手眼协调能力，有助于身体发育。

4. 带手柄的奶瓶

1岁左右的宝宝就可以自己抱着奶瓶喝奶了，但又往往抱不稳，这种形状的奶瓶就是专为他们准备的。奶瓶上2个可移动的手柄可以方便让宝宝的小手握住，配合宝宝坐着或躺着喝奶都行。

（三）挑选奶瓶的三大要点

1. 观察奶瓶的透明度

无论是玻璃奶瓶还是塑胶奶瓶，优质奶瓶的透明度都很好，可以看清瓶内的奶或水，瓶上的刻度十分清晰、标准。

2. 试奶瓶的硬度

优质的奶瓶硬度高，手捏也不容易变形。质地过软的奶瓶，在高温消毒或加入开水时会发生变形，还可能会出现有毒物质渗出。

3. 闻奶瓶的气味

劣质的奶瓶，打开后闻起来会有一股异味，而合格的优质奶瓶是没有任何异味的。

（四）为奶瓶挑选一个合适的奶嘴

1. 橡胶奶嘴

富有弹性，质感近似妈妈的乳头。但在清洗的过程中，有可能使奶嘴变大，导致宝宝喝奶时发生呛奶危险，一般建议3个月更换新奶嘴，如奶嘴有破损，一定要马上更换新的。

2. 硅胶奶嘴

没有橡胶的异味，容易被宝宝接纳。柔软度上不及橡胶奶嘴，但不易老化，抗热、抗腐蚀，使用的时间更长。

奶嘴孔径不同用途也不同。通常奶嘴上会标有表示喂奶速度的数字，其中1表示最慢。给新生宝宝最好选择流量最慢的。奶嘴上面还有各种不同形状的奶孔，可根据需求不同，选择不同形状的奶嘴。

3. 圆形孔

圆形孔有各种不同的流量，适合不同月龄的宝宝。

圆孔新生儿流量：适合于尚不能控制奶量的新生宝宝。

圆孔慢流量：适合1个月以上及哺乳期的宝宝。

圆孔中流量：适合3个月以上的宝宝。

圆孔快流量：适合6个月以上的宝宝。

圆孔可调流量：一般给3个月以上的宝宝使用，调整奶嘴的角度，可以控制奶嘴流量。

4. Y形孔

适合于可以自我控制吸奶量，边喝边玩的宝宝使用。

5. **一字孔**

可调流量，适合3个月以上的宝宝使用。

6. **十字孔**

因为流量相对较大，适合于吸饮果汁、米粉或其他粗颗粒饮品，也可以用来吃奶。

小贴士　奶瓶、奶嘴的清洗消毒

准备6～8支奶瓶，奶瓶刷一支，干净的专用煮锅一个，夹子一支。

奶瓶先用清水刷洗，尤其是奶嘴和瓶身需分开，彻底清洗干净。将奶瓶的玻璃部分在冷水时倒扣放入煮锅，使瓶内充满水后盖上锅盖，待水煮沸后再煮沸10分钟，之后将奶嘴、奶瓶、奶盖等放入锅内，煮3～5分钟即可。若为塑胶奶瓶，则等水煮沸后，再将奶瓶、奶嘴、奶刷、奶盖同时放入煮3～5分钟，将锅内的水倒干净后，锅盖勿拿开，以锅内热气蒸干，再以夹子取出。

五、尿布的准备

尿布是早产宝宝的重要用品，尿布要求吸水性强、柔软、便于洗涤，因此要选用柔软浅色的棉布或旧床单、旧秋衣、秋裤制作。可剪成36cm×36cm的正方形，也可做成36cm×12cm的长方形，不需要太大。使用时可折成2种形状：一种是长方形，也就是将正方形尿布折叠成三层或用两块长方形尿布使用。使用时在婴儿腰部围一条宽松适宜的松紧带，将尿布骑上，前后两端塞入松紧带即可；另一种是三角形，将正方形尿布对折两次即成，使用时可在三角形尿布内侧加一叠长尿布，三角形尿布的两端可缝上粘扣。相比较，长方形尿布比较方便，但容易漏出大便；而三角形尿布包裹较紧，会使婴儿两腿分开较大。做好的尿布在使用前要先用开水烫一下，在阳光下晒干备用。

为防止宝宝的尿液渗到床褥上，还要准备几块棉垫子：用旧棉布做成约45cm见方的夹片，内絮棉花。一般需准备五六块，以备轮换使用。塑料布或橡皮布不能直接包在尿布外面，应放在棉垫下面，这样尿液渗出时就不会弄湿床褥了；否则会阻碍尿液外渗和蒸发，容易刺激皮肤发生尿布疹。

小贴士 如何洗涤尿布

宝宝的尿布要勤换勤洗。洗尿布不能用洗衣粉、药皂和碱性强的肥皂洗涤，这些都会刺激婴儿的皮肤，易引发尿布疹。正确的洗法是，先将尿布上的粪便用清水洗刷掉，再涂上婴儿专用洗涤剂，稍加搓洗，粪便黄渍就很容易洗净，再用清水洗净晒干备用。如尿布上无粪便，只需要用清水洗2～3遍，然后用开水烫一遍晒干备用即可。新生儿的尿布不能用炉火烘烤，那样会反潮而刺激皮肤。

医疗设备

在宝宝出院前，父母应该提前向负责医生了解回家后的护理常识，以及出院后应该准备的医疗急救设备，避免不必要的投入。

（1）制氧机（设备）；

（2）血氧浓度监视器；

（3）吸鼻器（吸引鼻涕或口腔黏液）；

（4）拍嗝器（用手拍背或拍痰）；

（5）其他。

技能准备

父母应注意培养的技能、技巧。

（1）提前通过各种渠道，如育儿培训班、书籍、网络、咨询医护人员等，学习看护早产宝宝的相关知识，掌握评估宝宝生理需求的技巧。

（2）掌握日常护理方法和技巧，如喂奶、洗澡、测体温、量头围等。

（3）特殊情况下的护理技巧，如鼻饲、家庭用氧等。

（4）宝宝体征的观察及初步判断是否正常的能力。

（5）掌握必要的家庭急救知识，如呛奶、呼吸暂停、心肺复苏和处理。

（6）学习和掌握早期干预的方法和技巧。

第三节　实施科学的早期干预措施

早产儿生理功能发育不全，适应能力差，抵抗力低下，各种外界不良因素都会影响宝宝的生活质量，是一个极其脆弱的群体。宝宝出院后，家长应用心呵护，用爱灌溉，并在医生的指导下，实施科学的循序渐进的早期干预措施。我们相信在您耐心和细致的护理，宝宝定能健康成长。

出院后随访

出生后年龄（chronological age）：从出生日开始算的年龄。

矫正年龄（corrected age）：由预产期当天开始算的年龄。

例如：宝宝在3月1日出生，怀孕周数为28周（提早约3个月），预产期为5月24日，在9月1日时，其出生后年龄为6个月。矫正年龄则为现在日期减预产日9月1日－5月24日＝约3个月又1周。如果不知道预产日，也可用出生后年龄扣除早产的年龄，也就是6个月－3个月＝3个月大（矫正年龄）。

评估生长发育及添加副食品需使用矫正年龄。至2岁左右，不需再使用矫正年龄。

医院根据婴儿状况安排定期的生长发育评估、听力检查、视力检查、定期追踪心智发展、肌肉张力评估等项目。

早产宝宝的发育评估

宝宝出院回家后，宝宝的护理就要由父母来承担了，在护理的过程中，父母应该深入了解宝宝生长发育的规律，学会对宝宝发育的情况进行简单的评估，这样更能保证宝宝的健康成长。

在早产宝宝的生命历程中，第一年是最关键的阶段。在这段时间里，他们的生长速度最快，大脑发育的可塑性最强，是给予早期干预的最佳时期。

出生第一年是早产儿体格追赶的关键时期，定期的生长发育监测对宝宝的成长是十分重要的，建议父母下载生长曲线图，记录身高体重和头围，出生后到矫正1个月的建议每周监测。一般来说指标在10~97百分位的算是正常范围。在矫正月龄6个月以内应每月一次，6个月以后每2个月一次，评估生长发育速度和处于相应纠正月龄的百分位数。一般认为早产儿出院后的生长应达到以下要求。

（1）体重：矫正月龄3个月以内每日增长20～30g，3～6个月每日增长15g，6～9个月每日增长10g，使体重增长达到矫正月龄的第25百分位以上。

（2）身长：每周增长0.8cm以上，或达到第25百分位以上。

（3）头围：矫正月龄3个月以内每周增长0.5cm以上，3～6个月每周增长0.25cm以上。一般矫正6个月的宝宝头围在43~44cm，1周岁46cm。

一、认识婴儿生长曲线表

1. 婴儿生长曲线表

婴儿生长曲线表是婴幼儿生长的重要参照标准，能反映身体的多项生长指标。孩子出生时身高不同，在曲线图上，所有人都能找到从该点发出的生长曲线。如果孩子的实际身高在生长曲线之上，说明发育良好。每个人用各自出生时的身高来对照生长曲线，能从根本上避免不同遗传基础之间的盲目比较。基本上各国的生长曲线因为体型、生长环境的因素，各国标准不尽相同，略有差异。早产儿需参照宫内生长曲线表。

2. 看懂生长曲线表

（1）整体分析：在各大医院的儿童保健门诊，都有适用于0~5岁宝宝生长发育评价的分析图表，主要用于宝宝生长发育的评价。生长发育曲线是通过检测众多正常婴幼儿发育过程后描绘出来的，整个曲线由若干条连续曲线组成，最下面的一条曲线为3%，意思是将有3%的婴幼儿低于这一水平，可能存在生长发育迟缓；最上面的一条曲线为97%，意思是将有3%的婴幼儿高于这一水平，可能存在生长过速。这2种情况都应该引起关注。中间的一条曲线为50%，代表平均值；另外，还有15%和85%等曲线，提示在正常曲线中的不同水平。我们经常谈及的正常值，应该是3%～97%涉及的范围。

家长需要注意的是，任何时候，都会有近50%的孩子生长发育指标高于正常值，50%左右的孩子低于正常值，刚好在平均水平的孩子为数极少。所以，千万不要以“平均值”作为自己心中可以接受的最低限度。

（2）具体正常指标分析

★身高

人的一生中有两个快速生长发展期，第一阶段是婴儿期（1~3岁），第二阶段为青春期。女孩一般从9~11岁开始（比男孩早2年），青春期身高每年增加6~8cm，少数人可达10~12cm。过了青春期，发育成熟，骨骼完全钙化，身高也就停止增长。

★体重

新生儿出生体重大约都落在3500g为标准，只要曲线落在正常范围（第10个百分位到第90个百分位）范围，且一直都沿着曲线往上走，就是最标准的。但若在没有任何特殊状况（如感冒、厌奶期），掉下一格还能接受，超过两格标准差就是有明显意义的异常。

★头围

出生时宝宝头围约为32～35cm，满月时比出生时增加1.5～2cm。

家长要注意，其实，将孩子某一时刻的生长发育数据与生长发育曲线进行比较的意义并不大。生长曲线图并非单看其中一个点，而是生长趋势，而且身高、体重、头围三者缺一不可，且环环相扣，要正确判读，还是需靠医师的专业分析。

二、了解婴儿生长进程

老辈人常念叨：三翻六坐八爬。而你手里的育儿指导书上，以月龄为轴，将宝宝将要学会的能力，清清楚楚地标注在每一个时间点上。

但是宝宝不是生产线出品的精密仪器，每个宝宝都是不一样的，他们有自己独一无二的遗传密码，自己与众不同的小心思，当然也有自己的发育时间表。

所以，当你碰到“怎么我的宝宝还不会？”的时候，别担心。几乎所有的宝宝都会达到我们下面所讨论的发育进程的各个阶段，但却不一定“一刀切”那样准时。好好享受宝宝发育的每个阶段的点滴进步吧，别把全部注意力放在“第几个月”上。

1. 理解力

新生儿就像一个外国游客，他们不会说我们的语言，也不懂我们在对他们讲什么。但他们学习速度很快，研究表明，婴儿还在子宫时就开始倾听他父母的声音。一旦出生，婴儿就开始注意父母的词语和句式，领会您在说什么。他同时还会运用自己的观察力来了解更复杂的物质与精神世界，如希望、爱慕、原因、结果。

发育时间

在宝宝出生后的第一年里，就会逐渐地掌握协调能力，肢体逐渐发达，学习坐、立、翻滚和爬行。不到8个月时，就能站起来了。接下来的关键就是掌握平衡和获取自信心。多数宝宝是在9~12个月大时迈出人生第一步的，到了14或15个月时，他们就能独立行走了。如果宝宝发育得慢些也不必担心，很多发育完全正常的孩子也是到了16~17个月时才会走路的。

发育过程

新生到1个月

每当婴儿醒来时候，他都在用自己的感官来探知这个崭新的世界所发生的一切。和成年人或大些的孩子不同，他们每天都有新的发现。许多专家认为宝宝能理解的事情远比父母想象的要多。

作为一种生存技巧，婴儿乐于依照自己周围的人来调整情绪，也能从您的语音、语调、口形、呼吸速度、皮肤的感觉以及闪烁的目光明白您的感受和想法。宝宝会通过您对他的反应来形成他自己对您的看法：当他哭时您会抱起他，用充满爱意眼神看着他，在他饥饿时哺育他，所有这些都是值得去做的。当宝宝的精细动作有所提高时，他的记忆力也加强了，他的注意力的范围扩大，语言能力提高，交流技巧变得精炼，同时他也能明白更多东西了。

2~3 个月

宝宝还会继续从周围环境中学习，他最喜欢做的就是观察他周围发生的事。现在他明白，只要他需要您时，您就能来哄他，陪他玩，给他喂奶。就在这时，您能第一次看到宝宝纯真的笑脸，他会给您无限乐趣。宝宝知道这是一种他对您满足的表现方式。他还喜欢咧着嘴冲着您笑。到3个月时，他还会一边笑一边发出“咯咯”的声音，开始了最早期的与您对话的形式。

4~7 个月

此时宝宝知道自己的名字了。当您叫他时，他会转向您以示回答。他也更了解您的声调了。当您听上去很亲切时他也很愉快；如果您对他很严厉地说话，他有可能会哭。此时的宝宝也会区分陌生人的面孔了。当您把他交给一个不熟悉的人时宝宝很可能大哭。

8~12 个月

宝宝此时开始理解简单的祈使句。例如当他要去碰电门时对他说“不行”，他就会停下来看看您，或者也会反过来摇摇头。宝宝还会测试您对他的行为的反应，如他把食品扔到地上，看看您会怎样做，然后记在心里。稍后他用同样的测验以观察您是否做出相同的反应。

12~18 个月

到了18个月大时，宝宝至少应了解并能应用50个词。能按照您的指示去做，即使指示包含两个独立的行为，如“把积木都拾起来，放到玩具箱里去。”

19~23 个月

宝宝此时开始理解他的要求并不总是能与您合拍。例如当您让他抓住您的双手，他可能会倔强地把自己的小手夹在腋窝下。宝宝开始理解某些概念，如距离和尺寸，能区分三角形与正方形。如果您让他把三角形和正方形放回拼图板时他应能做到。

宝宝还会领悟到因果关系——他知道只要开动玩具的控制杆，里面就会有个小人儿跳出来。这对他将来练习上厕所有帮助（也许要几个月以后）。在宝宝停止使用尿布和学会上厕所之前，他要学会用尿盆或尿壶。宝宝会明白当他用手按动手柄，尿和便就会随着水流而冲走，下次用时还是相同的过程。当他想用抽水马桶时您一定要鼓励他，这样他就能更积极地尝试上厕所。

24~36 个月

此时宝宝对语言已有很强的理解力，专家认为，大多数2岁的孩子可以理解至少150个单词，然后以每天10个生词的速度学习。语言学习是人的第二天性，事实上，宝宝此时的注意力集中在理解更复杂的感情观念上。

在2~3岁时，宝宝会明白2种基本的情感：爱与信任。他懂得您和家中其他的人都很关心他，向着他。他是通过您对待他的态度来获得这一重要概念的。您用您的爱心、关怀以及无微不至的照顾使宝宝成为一个无忧无虑的快乐的孩子。

宝宝通过每日里观察您的活动来获得另一些更复杂的概念，如买东西，讲时间，打扫房子等，以及如何对待别人。如果您希望他长大以后是一个有爱心，有热情的人，那么请注意自己对待别人（尤其是对宝宝）的态度哦。

宝宝学会的词会猛增，到了6岁时，多数孩子的词汇量都能接近13000个。在以后的日子里他还将学会更多更复杂的概念，如数学基础，如何区分对错。

父母须知

给宝宝念书，和宝宝说话都能帮助他提高交流的能力。通常宝宝是在学会说一个词之前要先理解它才行。和宝宝玩能够帮助他了解事物的自然规律。给他一些高于他年龄组的玩具，这有益于加强他的大脑和机体的发育。一定要对宝宝亲切而体贴，让他知道您有多爱他。这是教他情感概念的重要方法。

如果到了3岁宝宝好像还是不能明白简单的指令，就一定要去看医生。要是他连很简单的要求都听不懂，比如您已无数次的教给宝宝如何打开一个盒子，可他就是学不会，那么他可能存在认知迟缓，要去儿科医生那里检查。

2. 社交

宝宝是如何学习同他人交流呢？又是什么时候开始交朋友的呢？其实一切都是从您开始的。作为他的父母，您是宝宝的第一个玩伴，是他第一个最喜爱的人。您的声音、面容以及双手的触摸都会使他兴奋。在您的帮助下，宝宝会逐渐熟悉其他人，并习惯和他们相处，这正是社交技能发育的开始。

发育时间

从出生开始直到3岁，宝宝的社交技能才发育成熟。从他出生时起，宝宝就开始学习适应并对周围的人群做出反应。在出生后的第一年里，宝宝的主要精力会放在发掘自己的能力（如抓、拿、走和其他的技能）以及同父母相处。虽然他也喜欢别人，但肯定他更喜欢您的陪伴。到了2岁时，宝宝会开始愿意和其他孩子相互交流。就像其他技能一样宝宝的社交技能也会在不断的挫折和尝试中学会。起初，他不愿与人分享他的玩具，稍后，当他学会如何与他人分享情感时就会变得友好了。到了3岁时，他就会去自己交一些情投意合的小伙伴了。

发育过程

❁ 1 个月

即使是新生儿也有社交方法。他们愿意被抚摩、被拥抱、被哄着玩。早在新生的第一个月里，宝宝就会对您试着做面部表情了。他认为观察您的面部很有乐趣，甚至会模仿其中的一些。您可以试着伸伸舌头，看他是不是也会学。

❁ 3 个月

此时正是宝宝观察周围事物的时候。您会在某一瞬间捕捉到宝宝生平第一次纯真的笑容。这对于父母们可是历史性的时刻。不久他便会以微笑开始了他与您的交流，有时还会发出咯咯的声音。

❁ 4 个月

此时宝宝对陌生人会更开放，有时会尖叫着表示问候。但此时谁也没有爸爸妈妈亲。宝宝对您会抱以最热情的反应。这是您和宝宝关系亲密的表现。

❁ 7 个月

现在宝宝已变得越来越好动，他也许会对其他孩子有些兴趣，不过也仅限于看上一眼或去抓一下。偶尔他们也会笑笑，互相模仿对方的声音，但他们首先会被眼前的事物所吸引。把2个1岁以下的婴儿并排放好，各自手里放上一套玩具，他们就会自己玩自己的。多数情况下您的宝宝都没有时间和同伴玩而是忙于学习各种技能。这个年龄段的宝宝和父母最亲，也许会开始害怕陌生人，“陌生人焦虑”此时较常见。

❁ 12 个月

在临近1周岁时，宝宝有可能会出现反社交表现——当您离开时就会哭，或当您把他交给别人时会不安。很多宝宝都要经历“分离焦虑”，并且在10~18个月时为高峰期。宝宝只想和您在一起，否则就很悲伤，只有您在才行。

13~23 个月

幼儿期就不同了。宝宝对外部世界有更浓的兴趣。当宝宝学习讲话并和其他人交流的同时他也开始交朋友了。现在他喜欢与他同龄的宝宝在一起了。但在1~2岁期间，他们会对自己的玩具看管得很严，根本不能给别人玩儿，这使您十分为难。您还可以注意到宝宝会花很长时间观察他的小朋友并模仿他们。同时他还要证明自己的独立性。如走在马路上时不要牵着您的手，当您拒绝他的要求时大发脾气。

24~36 个月

2~3岁的宝宝变得越来越以自我为中心。他们不愿按照别人的想法行事。但随着年龄增长，他们认识到了分享与交流的概念，有时甚至会和一两个特别的小朋友均分东西。

孩子们是天生就喜爱同别人亲近的。随着宝宝的长大，他可以学会在各种社交场合应对，并且也会越来越喜欢有人陪伴。宝宝有相当数量的技能是通过自己的观察和与其他小朋友的交流中得到的，当他学会了如何与其他小朋友交流感情，发觉有小伙伴是多么开心，他就会去交更多的真心朋友。

父母须知

一定要多与宝宝进行面对面的交流，尤其是出生的头几个月里，他喜欢被关注并乐于这种面对面的交流。此时可邀请一些亲戚朋友来，无论年老年少，宝宝都会喜欢。

若您的宝宝见到生人害怕的话，也不用担心。婴儿会在大约7个月时对不熟悉的人紧张。比如，您让一个远房亲戚抱一下宝宝，他就大哭起来。您可以先把他抱回来，试试以下的减敏方法。当其他人在周围时您先让宝宝在自己的怀里舒舒服服地待着，然后单独和他说话、玩乐，然后再把他交给别人一小会儿，而您一定要待在旁边。最后试着离开房间几分钟。如果宝宝大哭大闹，就再试一次。一位波士顿的儿科医生说：“不断的进出房间，最终宝宝会明白，即使您这会儿不在，过一会儿也会回来，他就会有安全感了。”

初学走路的孩子有小伙伴是很有益的，应安排宝宝与其他孩子一同玩耍的时间，但一定要保证充足的玩具，因为宝宝可能很不喜欢别人玩他的东西。

如果宝宝到了1岁时不管您做出了多大努力，宝宝还是谁都不想理会（除了您和一些亲近的人以外），甚至他连对您都没有什么反应，就一定要去咨询一下医生。宝宝也许有听力问题或社交障碍。如果您的宝宝（1~3岁）表现出过分好争斗，总是对他的小朋友又咬、又打、又推，您应与医生说一下。因为此种行为起因于恐惧或无安全感（如父母不在时）。宝宝会有一段时间好像很厉害，总是去咬小同伴，而这多半与他们想知道牙齿的用途有关。虽然所有宝宝在争玩具时都会变得不友好，而通常他们不是总爱争斗的。

3. 行走

在宝宝发育过程中行走是最重要的阶段，它是孩子迈向独立的巨大进程。从一开始扶着小床站立，到摇摇晃晃的扑入您的怀中，再到大胆地向前跑着，蹦着，跳着，宝宝就是这样一点一点地度过他的童年时光。

发育时间

在宝宝出生后的第一年里，就会逐渐地掌握协调能力，肌肉逐渐发达，学习坐、立、翻、滚和爬行。不到8个月时，就能站起来了。接下来的关键就是掌握平衡和获取自信心。多数宝宝是在9~12个月大时迈出人生第一步的，到了14或15个月时，他们就能行走了。如果宝宝发育得慢些也不必担心，很多发育完全正常的孩子也是到了16~17个月时才会走路的。

发育过程

在宝宝刚出生的头几周里，如果您抱住他的上身，将他的双脚放在一个固定的支撑平面上，就会发现宝宝的小腿使劲地蹬踏，好像要走起来的样子。这只是反射而已——他的小腿还没有足够的力气支撑自己，但2个月以后就会不同了。

到了5个月大时，您若扶着宝宝站在自己的大腿上，他就会主动地一上一下地跳，这将是宝宝在后几个月里最喜欢的一种活动。事实上，宝宝腿部肌肉的发育会使他很快掌握翻、滚、坐、立和爬行。

到了8个月大时，宝宝很可能希望自己扶着家具站起来。您如果把他靠在沙发旁边，宝宝真的有可能自己扶着走起来。接下来的数周里这种技能不断地提高，宝宝就会开始扶着家具在屋里巡游，也许不再用支撑就可以站和走了。

在9个月或10个月时，宝宝开始注意怎样来弯曲膝盖，从站着变成坐着（这比您想象的要难得多）。

到了11个月时，宝宝或许会掌握独自站立、弯腰和蹲着的各种动作，甚至能拉着您的手走路了。但也许还要再过几周才能真正自己走起来。

第13个月大时，3/4的宝宝都能自己行走——虽然是摇摇晃晃的。如果您的宝宝还是在扶着家具走，也只说明他学走路需要的时间略长一些，有的小孩子要到十六七个月甚至更长才会走路。

在前阶段宝宝神奇般的步入独立后，接下来要掌握的是精细动作。

第14个月时，宝宝应该能独立站立，也许有的会弯腰，有的甚至已能倒着走。

第15个月时，小孩子一般走得很自如，并喜欢一边拿着玩具，一边蹒跚地走。

第16个月时，小孩子开始对上、下楼梯感兴趣，尽管他们已经好几个月没有这样独自巡游了。

多数18个月的孩子都已熟悉行走，很多宝宝能被扶着走上台阶（而下台阶还是要人抱着），他们喜欢爬到家具上，喜欢练习踢球，但差不多每次都踢不着。放音乐时有的宝宝喜欢跳舞。

到了25或26个月，宝宝的步子迈得更加平稳，已能学会像成人一样用脚跟到脚尖的动作来行走，此时他们也可以学习跳跃。

到了宝宝3岁生日的时候，很多基本动作已成为他的习惯。尽管有些动作如用脚尖站着，或者用一只脚站着等动作仍然需要努力集中精神，但宝宝再也没有必要把精力放在行走、站立、跑跳等基本动作上了。

当宝宝学习站立时，父母可能有必要教他明白如何才能坐回去。如果宝宝学不会而哭着找你，不要只是抱他起来，而要教他如何屈膝，这样宝宝在坐下时就不会向后翻倒了。一定也要让他自己试一次。

父母须知

建议在宝宝练习走路时，最好站在他对面，或者蹲着也可以，伸开双臂牵住宝宝的小手，鼓励他向您的方向迈步。也可买幼儿手推车或近似的东西能让他推着向前走（可选底部宽大而稳固的幼儿玩具）。因为婴儿学步车使孩子很容易走来走去，因此阻碍了宝宝上肢肌肉的发育，美国儿科学会极力反对使用这种车。在宝宝没有到街上或粗糙、硬、冷的地面上走时，您也不用着急给宝宝穿鞋，光着脚走路会有益于宝宝协调性和平衡力的提高。

一定要确保您的宝宝在一个温暖安全的环境里练习他的动作，可以参照“儿童保护指导”中的标准来做，一定要有专人看管。

正如我们上面提到的，有些完全正常的婴儿也会到16~17个月时才会走路。如果您的宝宝学会翻滚和爬行都略晚一点，那么他学会走路也可能要晚上几周或几个月，重要的是要有进步。只要他一直在学习新的事物，您就不必担心。宝宝的发育都是各不相同的，有些的确发育比别人快。但如果您的宝宝可以明显看出来发育慢，就一定要去儿科看一下。不过记住，有些发育迟的孩子可能在以后的日子里赶上其他孩子。

4. 语言

宝宝会逐渐地学习使用语言来描述他看到的，听到的，感觉到的和想到的一切，而使他在智力、情感以及行为方面都能逐渐进步。如今，研究者们发现在宝宝发出第一个音节以前，他早已学会了语言的规则和成人们是如何运用语言交流的。

发育时间

宝宝们学习说话是在他2岁之前。宝宝从他出生后的第1~2个月就能用自己的唇、舌、上颚以将要长出的小牙来发声，如“呜呜”“啊啊”，紧接着就会“咿咿呀呀”了，然后这些音节就能连贯成真正的词语，到了第四五个月，当他能说出“爸爸”“妈妈”时，您不禁会激动得热泪盈眶。从那时起，宝宝就开始从您以及每一个您周围的人那里学习更多的词语了。到了一岁多时，他就能说出一句包含两三个字的短语了。

发育过程

宝宝出生时的第一声哭叫就是他迈进语言世界的第一步，那是他离开母体（子宫）到达另一个陌生环境后的惊恐表现。从那时起，他周围充满了语音、语调以及词汇，这些都帮助他形成以后的语言。

语言和听觉是密不可分的。宝宝可以从听别人讲话来学习词语的发音和句子的结构。事实上，很多学者认为婴儿是从子宫孕育时就开始理解语言了。就像宝宝熟悉您的心跳规律，熟悉您的发音音调以及在刚出生时就能区分出您和其他人的不同。

1~3 个月

宝宝最初使用的交流方式就是哭。刺耳的尖声哭可能意味着他很饿，而断断续续地呜咽则有可能是该换尿布了。在他长大一点儿后，就又能发出一些表示愉快的“咯咯”，“唧唧”或叹息声，听起来像个迷你小音响。谈到宝宝理解语言的能力，语言学家们认为，婴儿早在4周大时就能区分相似的音节如“妈”和“拿”。

4~6 个月

在此阶段，宝宝开始将元音与辅音相联合，可咿咿呀呀的说话。像“爸爸”、“妈妈”这样的词儿会不时地从他的嘴里冒出来，让您心里暖融融的。但此时他还没有完全明白这个词。要差不多1岁时，他才能把您和这个词等同起来。

宝宝学习说话时简直就像在读一串毫无意识的独白，把无穷无尽的词儿连在一块儿念。发音对于他来说好像是用牙齿、舌头和上颚在做游戏，发出各种各样有趣的声响。在此阶段，不论您和他是说英语、法语或日语，宝宝发出的咿咿呀呀声音都一样。您会注意到，宝宝有他自己特别喜欢的某个语音（如“大”或“爸”），他会一遍又一遍地重复发声，因为他喜欢发声时自己口部的感觉。

6~12 个月

此时的宝宝在咿咿呀呀地发声时，听上去好像是在表达某种意义。因为他会使用与您相似的语调和形式，此时可用阅读来培养他的语言能力。

12~17 个月

宝宝能使用一两个词儿并理解其含义。他甚至开始练习语调，如在疑问句时用升调（比如他想要抱时）。此时宝宝会意识到语言的重要性，以及在交流过程中的强大作用。

18~24 个月

此时宝宝的词汇量可多达200个，大部分是名词，在18~20个月，宝宝的日词汇量可达到10个。每隔90分钟，他就会学到一个新词儿，所以一定要注意您的语言。他还可将2个词连接，说成短语，如“抱抱”。到了2岁时，宝宝就能使用三个词的短句并能唱简单的音调了。他开始感觉到自己的存在，并谈论到自己——他喜欢什么，不喜欢什么，他想什么。他会对代词很糊涂，您能注意到他会避免说这些词儿，如他说“宝宝跑”来代替说“我跑”。

25~36 个月

宝宝在这段时间需要努力确定自己说话时到底应用多大的音量。

5. 视觉

除非存在视觉损伤，新生儿出生时就应有视觉。随着孩子的成长，他要用自己的双眼来接受外部世界大量的信息，而这些信息将会反过来刺激大脑的发育，使机体其他功能进一步形成，如坐、翻、爬和走。

发育时间

在婴儿出生的前几个月里，他的视力会逐渐变得敏锐，到了6~8个月时他就几乎能和成人一样看东西了。

发育过程

婴儿视觉的发育过程与听觉相似，都是到了出生满1个月时才完全发育成熟的。刚刚出生时，宝宝的视觉非常模糊，只能看到亮光、形状和移动的物体。只能看到眼前20~38cm左右的地方，但这已足够看到妈妈的面容。您的面孔很轻易地变成了此阶段宝宝最感兴趣的事物。接下来是色彩对比鲜明的物品，如棋盘。所以您一定要与宝宝花一段时间做视觉上的交流哦。

宝宝的视觉是逐渐提高的，到了8个月大时，他的视觉就和您的差不多了。

1 个月

宝宝在刚出生时是不晓得怎样同时使用双眼的，所以他的眼睛总会毫无目的地转来转去。但到了1或2个月时，他已学会双目同时集中，也可以跟随物体而移动（尽管在刚出生时也可短暂地做到）。只要在宝宝面前发出简单的“咔咔”声，他就会呆呆地对此发愣。或者您也可以盯住他的眼睛，慢慢地将头左右摆来摆去。通常，他的眼睛也应跟随着您。

2 个月

宝宝从一出生就能看出色彩，只是他们不能区分近似的色调，如红色与橘黄色。因此他们更喜欢黑色或白色，或对比鲜明的颜色。但从2个月持续到4个月，宝宝开始区别颜色，开始区分阴影（颜色差异变得清晰）。因此，宝宝可能会表现为偏爱明亮的红、黄、蓝色，以及更复杂和详细的图案形状。此时要让宝宝多看一些色彩鲜明的图画、照片或玩具，接下来的几个月里，通过练习，宝宝的目光就能熟练地随着物体移动了。

4个月

大约在这个时候宝宝的深度（纵深）概念开始形成，也正是此时他对前臂的控制能力同时加强。所以宝宝能非常准确地抓住您的头发或耳环。

5个月

此时宝宝较容易分辨出很小的物品和移动的物体，有的甚至可以通过其中的一部分来识别整个物体。一个小小的“捉迷藏”游戏是接下来1个月里要做的练习。大多数5个月大的宝宝都学会了区分相似的鲜明色彩，所以现在应让他练习用蜡笔来区分颜色的细微差别。

8个月

宝宝此时视觉的清晰度和深度感觉几乎和成人一样，而先前最多有成人的1/2。虽然现在宝宝的视力仍是近处比远处要清楚，但他的视野已足够看清和识别整个室内的人物和东西了。也是在此时宝宝眼睛的颜色差不多接近最终的颜色，不过也许还会有一些细微的变化。

父母须知

在宝宝还小的时候，他的视力就完全发育了，所以常规带宝宝去查视力很重要，能在萌芽阶段发现问题。一定要让儿科医生在常规查体时检查视力。

研究表明，婴儿喜爱人类面孔的程度远远超过颜色或其他图案，所以一定要把您的面孔贴近宝宝（尤其是刚出生时），让他看到您的容貌。到了1个月时，任何东西放在宝宝眼前都会让他呆住一会儿。您可以准备一些益智玩具，也可用房间里的生活用品。在他面前用发光的箔纸片或鲜艳颜色的塑料勺子左右移动，然后再上下移动。这只是为了吸引宝宝的注意力，因为多数婴儿要到3~4个月大时才能自如地进行眼睛的垂直运动。

正如我们以上提到的，要培养宝宝对彩色蜡笔和三原色的兴趣，包括彩色的运动的物体（挂到到他抓不到的位置），鲜明的海报，醒目的图画书。

宝宝一定要定期接受视力检查，从一出生就开始。一般的，儿科与眼科专家都认为早期发现问题有助于视力矫正，发现得越晚，矫正起来难度越大。像近视、远视、散光您都不太容易发现（是因晶体屈光不正所致），而是把精力放到更大的问题上了。如果宝宝到了3~4个月时还不能把双目集中在您的面孔上或跟随移动物体时，就要告诉医生。早熟的婴儿患眼部疾病的危险性更高，如散光、近视、斜视，所以父母一定要注意宝宝的视力。以下是特别需要注意的几个情况：

★宝宝的双眼或某一只眼在向某个方向转动时受限。

★宝宝双眼的视线大多数时是交叉着的。

★宝宝双眼或一只眼好像要出来一样。

6. 抓取

学习如何拿起东西会使宝宝一下子进入另一个游戏世界。学会拿东西是今后学习吃饭、念书、写字、画画以及生活自理的基础。

发育时间

新生儿有先天抓取物品的能力，但最少要1年以后他们的协调性才能发育到可以稳稳地把东西拿在手里。从3个月大时宝宝门就开始积极练习抓东西，每个月都有巨大飞跃。

发育过程

新生至 2 个月

婴儿出生时就有握持反射。轻轻碰一碰宝宝的掌心，他的小手就会向内弯曲，但这种动作在前8周是不知不觉和下意识的。在此阶段，宝宝的小手几乎都会攥成一个小拳头，但不久就会变成有目的地开合，或许他甚至想抓住一些柔软的物品，如毛绒绒的玩具。

3 个月

此时，宝宝依然抓不住他想要的东西，但他会一遍又一遍地拍击那些玩具。同时他的手眼协调性也有所发育，他会注意到他喜欢的那些东西并试着拿起来。

4~8 个月

在4个月大时宝宝能拿起一些较大的东西，如大积木块。要等到他的手指发育得更灵活时他才能拿起像珠子那么小的东西。在他刚刚长了第一颗牙不久（一般在3~12个月之间），宝宝就能这儿那儿地拿东西，并把它们放进嘴里。如果他已吃固体食物的话，肯定连小勺子都拿不稳，但他会试着练习。他会把某件东西向自己那边拖，也会把东西从一手倒到另一手。从现在开始您要把那些贵重物品放到他拿不到的地方（想要知道这方面的小窍门，请点击这里）。

9~12 个月

现在宝宝不用很大力气就能拿起东西了。此时他是习惯用右手还是左手也显现出来。占优势的手会更灵活而有力量。但直到两三岁您才能真正确定他到底哪只手是优势手。他还喜欢用拇指和食指共同夹取小的物品，如珠子。现在他的协调性明显加强，吃饭时也能用勺子和叉子了。一旦宝宝开始喜欢抓东西，他就离扔东西不远了，所以要小心。很多小孩子都乐于把玩具到处乱扔，然后看着您去收拾。到了1岁的时候，宝宝会喜欢玩球、推积木；到了3岁时，宝宝有足够的协调性来写出一些潦草地笔画，也许是他的名字。

父母须知

为了锻炼宝宝抓的能力，您可以把玩具或颜色鲜艳的物品放在离宝宝的手边差一点的位置，鼓励他自己去抓。但别放得太远让宝宝够不着，他会很气馁。尽可能给他多种多样的物品来抓，如积木、塑料圈、书。当他能用前两个手指抓东西时，给他一些小食品，如豌豆、胡萝卜丁。

如果宝宝到了8周大时好像还是对玩具没兴趣，到了9周时也没有想要抓或摸的意思，您可以向儿科医生咨询一下。因为发育晚的孩子可能比同龄宝宝成熟得慢，但应向医生咨询具体的合理的时间段。

7. 听觉

婴儿一出生就存在听力，除非有听力损伤。随着机体的成长，他们利用两耳接受大量来自周围环境的听觉信息，这些信息又会反过来刺激婴儿大脑的发育，从而导致机体功能发育的完成。如坐、立、翻、滚、爬行和行走。

发育时间

宝宝的听力会在出生后第一个月月末完全发育成熟，但要真正意识和理解他所听到的事物尚需一段时间。

发育过程

起初宝宝会对声音异常关注，尤其是高调声音。他会给予相应的回应（对您的讲话，或是那些频繁重复的小故事等等），他甚至会被噪声或意外的声响吓到。

到3个月大时，宝宝大脑的颞叶会变得更活跃——他对听力、语言和嗅觉有一定的辅助功能。所以当宝宝听到您的声音时，就会立即望过来，并发出咯咯的声音，好像要和您说话。在此阶段，若宝宝在您对他讲话时四处乱看，或不能集中注意力，那么他有可能已被外界充分刺激，或者听力已发育得很好了。

5个月大的宝宝能辨别出声音传出的方向，能迅速地把头转向新的声源。他还能听出自己的名字——当您叫到他的名字或同别人谈到他时可以注意一下小宝宝是怎样看着您的。

宝宝的听力在他很小时就已完全发育成熟，重要的是您应及早去做检查，以便在萌芽阶段发现问题。如果您心存疑虑，那么就在宝宝下次查体时带他到儿科医生那里检查听力。

父母须知

有多种途径能够让您帮助宝宝来识别新的语音，比如唱唱儿歌或放些音乐，可以唱老的儿歌或选您自己喜欢的音乐。婴儿对任何事物都是十分开放的，您不必把他们拘泥在儿歌中。一串风铃或一只滴滴答答的钟表都能让宝宝开心。您提供的物品越多，对宝宝产生的效果就越大。其结果是，当宝宝变得有所偏爱时，他就会在每一次选择中表现得更加愉快和兴奋。

不论孩子多小，给他读书总是会有回报的。因其可以帮助宝宝语音、语调方面的发育。事实上，变换声调、使用重音、唱歌等都能让您和宝宝在听觉上相联系，都能更富有刺激性。

当宝宝长大一些并能迅速识别声音的传出方向时，最有效的吸引他的方法就是使用一串能“哗啦啦”响的钥匙。大一点的婴儿（4~5个月）能够在您说话时集中精神地观察并模仿口型，发出协调一致的语音，如“m”和“b”。

婴儿是不可思议的人群：他们可以在犬吠或电话铃响时呼呼大睡。这是正常现象——因为他们太需要睡眠了。不过在大多数婴儿听力良好的情况下，仍有一定百分比的婴儿有听力问题，尤其是那些曾有缺氧、早产或产后严重感染的婴儿。有家族性听力障碍的婴儿更容易出现弱听。不要选择宝宝感冒或有耳部感染时测听力，因其会暂时影响宝宝的听力。当宝宝清醒时，他会被突如其来的大声吓到，当听到您的声音去哄他时他又会逐渐平静下来。另外，他对于周围的正常声音也都有反应。若不是这样，就请儿科医生给宝宝做正式的听觉测试。

以下是一些家庭用的听力自测法：

3个月以下

在宝宝头的后方拍手，如果宝宝被吓到，那么他发育得很好。如果没有，就重复几次。

4~6个月

叫宝宝的名字，看他是否能转向您或对声音有所反应。对于一些有趣的声响宝宝是否能转动双眼或转头去看。

6~10个月

观察宝宝是否对自己的名字或周围熟悉的声音有反应，比如电话铃声或吸尘器的噪声。

10~15个月

让宝宝从图画册中指出一件熟悉的物品。如果他不能，也许是因为他听不到您的声音。

即使您的宝宝顺顺利利地完成了这些测试，您还有所担心的话，可以去请教医生。对于婴儿听力问题，越早发现越好。据最新的调查，在婴儿6个月以前发现听力问题并能安装相应的助听装置，能够显著地促进婴儿语言的发育。

8. 独立性

什么时候宝宝才能知道他是他自己呢？刚刚出生时宝宝认为他是您的一部分，而对自己是个独立个体一无所知。婴儿甚至没有意识到他们的小手小脚也是自己身体的一部分。但随着时间的推移，他们在机体、精神、情感上的发育会使他们开始领会到自己是一个独立的个体（有自己的躯体、思想、情感），他会愈加想要按照自己的思想行事。

发育时间

宝宝独立的意识需要数年才能建立起来。首先他会认为您和他是一个共同体。到了6个月，他会开始意识到他能与您分开，您会把他单独留在某处。通常所说的“分离焦虑”也由此开始，因为他害怕自己被遗弃。此种情形会持续到2岁。等到宝宝变得爱交际，而且您在每次离开后又能准时回来，他就会慢慢认识到自己的独立性。在幼儿期宝宝独立性的发育会是一个难题。他总是会为坚持“自己的想法”而大发脾气。

发育过程

1~6 个月

小于6个月的婴儿会完全把自己和妈妈（或其他照顾者）认同为一体。他们根本考虑不到自己，只是想着他们的即时需求：食物、关爱、照顾。在前3个月宝宝甚至没有任何关于自己是独立的想法。他一直都在忙于应付那些基本动作和反应。到了4个月大时，您才有可能观察到他“独立”的早期征兆。这就是宝宝发现自己哭时会引起您的注意。由此他学会了他可有独立的意愿，他的行为可以影响其他人，也就是您。

7~12 个月

到了7个月，宝宝会意识到他和您是独立分开的，这是值得庆祝的认知飞跃。不幸的是，宝宝又会担心这种“分离”，他会变得一分钟也离不开您。如果您要走开，他甚至会哭。他还不能理解您走了以后还会再回来。而且在他不注意时偷偷走掉的办法也无济于事，因为这样更会使他担心您不会回来。所以即使再艰难也要和他说“再见”，让他看着您离开。

英国一项有名的研究显示出宝宝是如何对自己一无所知的。研究者们把1岁以下的宝宝放到镜子前，看看他们对自己在镜子中的映象如何反应。结果是他们对镜子中的自己拍拍打打，还以为是另一个人。然后研究人员又在宝宝们的鼻子上搽上红色胭脂，再次放到镜子前。宝宝则总是去摸镜子中的鼻子，而不是自己的。

12~24 个月

宝宝现在已逐渐能把您和周围的世界同自己分开了。仍然是我们刚刚提到的那个试验。研究人员在21个月大的宝宝的鼻子上涂上胭脂，然后放在镜子前，他们就会去摸自己的鼻子了。这表明宝宝已知道镜中是自己的映象。

2岁大的宝宝在您离开他时仍然会不高兴，但他们很快就会平复下来，因为他已有一些安全感。经验告诉他您在离开一段时间后还会回来。您在宝宝心中的信任度也在不断提升。因为您持续不断地对他的关心与照顾使他对您有了信心，才有勇气来冒险让您离开。此时宝宝的独立性又在哪里表现呢?他可能一连5天都坚持穿他那件紫色的睡衣，或只吃某一种食品，或爬到他自己的玩具车上独自坐着。

25~36 个月

在2~3岁，宝宝变得越来越独立。当他自己活动时总是希望离您远远的，而且不断地打破限制。(比如，即便您已告诉他不行，他还是会往墙上画画)。此阶段父母最常听到他的一句话是“我自己能行！”

年龄越大，宝宝的自我意识就越强烈。每年都有一些新的他想自己做的事情。他会越来越了解自己，知道哪些东西自己能做得来。以后他还会为自己弄饭吃，找自己的朋友，然后上学。

父母须知

为了宝宝能够自立和成熟，他需要从您这里获得支持和安全感。始终如一的支持和爱护能帮助他建立自信。这需要从婴幼儿时就开始：给宝宝喂奶；给宝宝换尿布；哄着宝宝不要让他哭等所有这些简单的事情都有益于建立起这种至关重要母婴亲密关系。

您还要确保在家中给宝宝一个安全的环境。宝宝们都喜欢探求事物的限度。不要总是对宝宝说：“那个不行，有危险！”，要把那些有危险的东西放到宝宝拿不到的地方。这样宝宝就不会总是觉得受到挫折，而且也安全了。

还要知道的是，宝宝开始走向独立并不意味着他就不需要您的关心与照顾。宝宝的需求虽然少了，但他内心仍渴望得到您持久的关爱。宝宝想要自己试着做什么事情时可以鼓励他，但如果他回来寻求帮助时千万不要拒绝。在相当长的时间里他都会有这种精神需求。

虽然“分离焦虑”存在于10~18个月的宝宝是正常现象，但如果宝宝表现过分，没有您在身边就什么也不能做，或即使您已经回来了，他仍然不能平静。这时您应该请教一下儿科医生。

9. 翻身

在宝宝学会抬头以后和自己能坐着之前（或同时），多数宝宝都学着翻身。这种技巧是非常有自释性的——会翻身的宝宝能从平卧变成俯卧位，反之亦然。这是宝宝从一个地方挪到另一个地方的第一步。而这种冲动通常是因为想要离您更近一点儿或很想去够某个喜欢的玩具。

发育时间

有的宝宝可以在3个月大时就从趴着翻过来到变成平躺着。但大部分宝宝都需要到了5~6个月，头颈和上肢的肌肉发达以后才能从平躺着变成趴着。

发育过程

在宝宝3个月大时，如果您让他趴在床上，他就会用他的小手支撑起头和肩向上抬，这种“迷你”伏地挺身运动会帮助他加强上肢肌肉以利于翻身。此时您会惊奇地发现宝宝可能会从前向后翻身了（宝宝经常是先会从前向后翻身，当然有的宝宝是从后向前翻，这也纯属正常现象）。

5个月时宝宝或许可以用上臂支撑起头部和躯干，使胸部抬离床面，或者用小肚子支撑身体摇来摇去，2条小腿踢来踢去，2只小手好像在游泳。所有这些动作都有益于他肌肉力量的增长。到了6个月时他就可以学会从不同方向来翻身了。

有些宝宝也不一定真的就学会翻身——他们跃过此发展阶段而继续到坐立和爬行。只要您的宝宝不停地学习新的技巧，并对自己周围的环境充满兴趣，您就没必要担心。

宝宝翻身时所发育的肌肉也是他在坐立和爬行时需要使用的。当宝宝的颈、躯干、上肢和下肢不断地发育，并通过不断地练习，到了6~7个月时他就可以学会坐了，爬行则需要再晚一些。

父母须知

您可以通过游戏来鼓励宝宝学习。如果您注意到宝宝已开始本能地想翻身，那么您可以在他喜欢侧身的那边放上一个他看得见的玩具，然后在他翻身时抱以肯定的微笑和鼓掌加油，因为这种整个身体的移动可能会使宝宝惊慌。

翻身这个发育过程会给您带来许多欢笑，同时您也会对宝宝的努力成长产生一丝敬佩。当然，翻身对于宝宝是一乐事，而对于您就要收紧神经了。到了3个月时您就要对他留心，不能把他自己放在床上没人看管。

如果到了6个月宝宝还不能朝某个方向翻身，或者没有表现出对转动身体有兴趣，一定要对宝宝的医生说。因为宝宝的发育每个个体是不同的，有的发育快，有的则不需经过“翻身”这一阶段。但若宝宝也没有想要坐或爬的行动，就要问一下儿科医生了。要知道，发育晚的宝宝可能会迟一些到达各个发育阶段。

10. 爬

爬可以帮助宝宝锻炼各部分肌肉为行走做好准备，而且爬也是宝宝第一种有效的能够自行四处移动的方法。在早期的爬行中宝宝首先要学会用双手和双膝来保持平衡，然后再弄明白怎样从这个姿势利用膝部向前向后移动。

发育时间

大多数宝宝是在6~10个月大时学会爬或其他近似的可以移动的动作。有些宝宝根本就没有爬过，而是用屁股挪动，或用小肚子向前匍匐，或直接拉起上身而会站、会走。最重要的是宝宝能移动，方法并不重要。

发育过程

宝宝一般在能独自坐立后开始能爬，大多数孩子是在6～7个月时会坐，在此之后，他能抬头四处观看。而他的臂、腿和背部肌肉也已足够强健，能够防止他摔倒。

在接下来的几个月里，宝宝会逐渐学习如何稳稳地从坐姿变换成双手双膝的跪姿，很快他就能意识到当躯干平行地面时，他就可以前后晃动了。

在9~10个月之间，他会发现双膝用力时可以将自己的身体向前推进，熟练以后，他就能学会从爬行还原回坐姿。宝宝们还能掌握更高技巧的动作，威廉姆斯教授称之为“十字爬行”：当一只前臂向前移动时其对侧的下肢也能同时前移——比使用同侧的上下肢爬要好。此后所需的就是要反复练习直到动作理想，期盼宝宝1岁时能够真正独立爬行。如果您的宝宝是倒着爬，或根本跃过爬行阶段而更喜欢练习走路，不必担心，重要的是宝宝在进步，方式可以多种多样。

当宝宝掌握爬行的本领后，他所面临的最后一个动作技巧就是走路了。为了能够站起来走，他会去抓任何一件能抓得到的东西，不管是桌子，还是您的挎包。一旦他学会用双腿掌握平衡，他就会用手扶着家具在屋子里到处游荡。此时走、跑和跳都只是时间的问题了。

父母须知

和练习抓一样，最好的鼓励宝宝爬的方法就是在他前方放上一件他想要的东西，或是您自己。美国儿科学会还建议使用枕头、盒子或沙发靠垫来作为障碍物让宝宝跨越。这可以增强宝宝的自信心、速度和灵敏度。提醒您一定不要离开宝宝，因为如果他爬到枕头下面时可能会感到害怕，也有可能因窒息而发生危险。

一个会爬了的宝宝会遇到很多危险，一定要确保房屋内的安全，尤其要重视楼梯。宝宝会像攀登珠穆朗玛峰一样被吸引到楼梯下面，但这对于他来说太危险了，所以一定要有宝宝活动的界限。通常到了1岁左右宝宝才能真正掌握爬的技巧，即使此时也要监督他的行动。美国儿科学会建议大家用一些泡沫塑料或硬纸盒为原料做几阶台阶来代替楼梯让宝宝练习。

此时的您还不用急着给宝宝穿鞋，他只有学会走路后才需要穿鞋。此外，宝宝的发育都是不尽相同的，有些宝宝会发育较快，但如果您的宝宝没有一点想要运动的欲望。不论是爬、挪或是翻滚，不论是用双手双腿协调运动，到了1岁时他还是不能同等地利用四肢，您就要向儿科医生咨询一下了。请记住，早产的婴儿可能比其他孩子的发育要晚上好几个月。

一、什么是袋鼠式护理

袋鼠式护理（kangaroo mother care，KMC）是20世纪80年代发展起来的主要针对早期新生儿的一种护理方式，让母亲将宝宝拥抱在胸前，借皮肤与皮肤的接触，让宝宝感受到母亲的心跳以及呼吸声，仿照类似子宫内的环境，让早产儿可以在父母亲的拥抱及关爱中成长。

二、袋鼠式护理给宝贝的好处

目前的研究表明，KMC能够减少早产儿的死亡率，有利于早产儿神经系统的发育。目前，KMC已经引起国际社会和医学机构的广泛关注。袋鼠式护理可以稳定宝宝心跳速率及呼吸、稳定血氧浓度，与父母亲皮肤接触给予温暖，使宝宝有安全感、减少哭泣并降低氧气及能量的消耗、延长睡眠时间并加速体重的增长。袋鼠式护理除能促进亲子建立亲密的关系减少双亲的压力及焦虑，亦可提供母亲直接哺育母乳的机会，更加缩短了宝宝住院的天数。

三、何时开始做袋鼠式护理

宝宝体重至少1500g以上，无特殊侵入性插管、呼吸器使用等情形，经新生儿科医师评估生命体征稳定即可开始进行。

四、袋鼠式护理前准备

准备工作包括如下内容。

（1）**环境**：选择安全、温暖、隐私无噪声的空间。

（2）**物品**：柔软舒适的沙发、轻柔的音乐、软靠枕、保暖烤灯、毛毯、搁脚小凳。

（3）**时间**：开始时先做30分钟，若宝宝生命体征稳定可延长至1小时。

（4）**父母亲**：若罹患感染性疾病（例如感冒等）需等完成康复后才能进

行。先上好厕所、洗手、身体洁净（无皮肤疾病）、不要擦香水、保持轻松愉快的心情、穿着前开式宽松棉质上衣并移除项链。母亲需脱下胸罩，若有乳汁溢出情形时可准备小毛巾擦拭，父亲胸毛若偏长可先稍加修剪。

（5）宝宝：脱去衣物穿尿片即可。

五、执行袋鼠式护理

执行袋鼠式护理的方法：

（1）父母亲先躺于沙发上（约60°角），调整舒适坐姿，将上衣敞开。

（2）调整以最舒适、最适合宝宝的姿势，让宝宝以直立或60°角趴睡于父母亲胸前肌肤相触，妈妈则用手臂支托宝宝的臀背部，可在宝宝的背上披盖小毛毯，或戴上帽子加强保暖。

（3）护理人员会随时前来观察宝宝的状况。

（4）当宝宝出现寻乳反应时可尝试哺喂母乳。

（5）若宝宝出现面部发黑或肤色改变、皮肤冰凉、呼吸费力或呼吸暂停等异常危象时请立即告知护理人员。

如果你的早产宝宝出现以下13种异常迹象，一定要带他去看医生：

（1）鼻子和嘴唇周围或皮肤发青（包括吃奶时）。

（2）肤色比平常苍白。

（3）不吃东西。

（4）脾气比平常烦躁，易激惹。

（5）没有平常活泼，反应差。

（6）呕吐，一天2次以上，将大部分或全部吃进去的奶吐出来，或有不止一次的喷射性呕吐。

（7）呼吸困难或呼吸节律出现变化，不规则、急促、喘息或呻吟等。

（8）腹泻时间超过1天，一天有3次以上的稀水便，或出现血丝便，或排便习惯出现变化。

（9）发热，肛温高于38.5℃。

（10）出现呼吸暂停（指呼吸短暂性停止，超过20秒为异常）。

（11）有浓稠的鼻涕或咳嗽。

（12）嗜睡或昏睡无力。活动减少，很难叫醒宝宝。

（13）耳朵有不正常的分泌物。

（14）你就是觉得宝宝好像状况“不对”。

最后要记住：如果你觉得宝宝哪里有问题，一定要带他去看医生。

附：美国早产儿沃德（Ward Miles）的故事

父母不放弃 沃德创造奇迹

2012年7月16日，在怀孕25周时，美国俄亥俄州的准妈妈林赛·米勒上班时突然开始抽筋，他认为可能是因为早上锻炼的原因，随后抽筋越来越严重，他被送往医院。4个小时后，儿子沃德出生。沃德早产15周，出生时仅0.68kg，身体只有成人的两只手掌大，由于身体各项器官尚未发育完全，他连呼吸都需要仪器帮助。出生4天后，第一次抱着浑身插满管子的沃德时，妈妈林赛忍不住流下了泪水。

出生10天后，沃德患上严重脑出血，生命危在旦夕，不得不被置于密切监护中。医生给沃德做了首次脑部扫描，以寻找脑出血的原因。结果很糟糕，医生说只有50%的可能性存活。

就在那天晚上，发生让沃德的爸爸本·迈尔斯永远不会忘记的一件事。他在日记中写道：“在晚上6点照看沃德时，我和他妈妈都握着他的手，看着他，跟他说话。突然他转过小脑袋面对我们，然后睁开眼睛。他凝视着我们，过了一会儿，他转过头再次闭上了小眼睛。我永远不会忘记那一刻。我觉得他是在告诉我们“我没事！不要放弃我！”

只因为沃德的这一眼，他的父母决定永不放弃，相信生命奇迹。最终奇迹发生，沃德在重症监护室呆了107天后，终于存活了下来。2012年10月31日，在医生护士的共同努力下，奇迹生还的小沃德出院了。

成长视频感动数百万网友

如今，17个月大的沃德能吃能说能笑，见证着生命的奇迹。父亲本说：“17个月大的沃德刚学会爬，但他早就迫不及待地想走路了。他会说一些简单的词语，甚至会叫家里小狗的名字，他的健康已经没什么问题。”

11月底，沃德的父亲本专门制作时长7分钟的视频短片来记录当时那段艰难的日子。短片记录了沃德从早产15周开始在医院里度过的艰难时光，以及后来回到家中逐渐恢复健康的历程。这段视频是给妻子的32岁生日礼物。

视频随后被放在网上，短短近几天就有数百万的点击率。小沃德坚强活下来的故事让全世界数百万网友落泪。本说："这段视频叫作《你就是生命的奇迹》，希望能告诉大家坚持就是希望，活着就是奇迹。"他还开玩笑说："林赛现在已经看了很多次，虽然有数百万的点击率，但估计一半都是林赛点的。"

据美国畸形儿基金会数据，美国每年有超过45万名婴儿早产。他们的研究表明，早产儿通常伴有脑瘫，智力残疾等疾病。这段视频也给很多早产儿父母希望。一名叫米勒的网友回复说："这就是我的故事，我的女儿早产10周，这正是我正在度过的日子，本和沃德给了我希望。"

第三章 相关护理知识

第一节　喂养篇

早产儿消化和吸收能力、吸吮和吞咽能力较差，而且胃容量极小，所以，早产儿喂养需注意间隔的时间和每次喂入的量，最好能母乳喂养，喂奶要耐心，避免呛奶和吐奶。科学的早产儿喂养体系见表3-1。

表3-1　科学的早产儿喂养体系

喂养策略	院内强化	出院后过渡	常规营养
喂养方案	母乳+母乳强化剂或院内专用配方	母乳+母乳强化剂或院后专用配方	母乳或足月儿配方
喂养目的	达到宫内生长速率	帮助实现追赶性生长	支持正常生长发育
生长不足的早产儿出院后需要继续强化营养支持			

母乳喂养是指用母亲的乳汁喂养婴儿的方式。研究显示，母乳中含有易于消化吸收的蛋白质、脂肪、乳糖，还有适量的微量元素、维生素、酶及免疫因子等，是早产儿的最佳食品，用母乳喂养的婴儿发展更健康。

一、为什么母乳喂养

早产宝宝，特别是那些较轻、较小的，他们的消化系统尚未成熟，这时母乳正好可以提供重要而且好吸收的营养给这些宝宝。

早产母乳的热卡密度67kcal/100ml，但成分与足月母乳不同。早产母乳中蛋白质含量高，利于早产儿快速生长的需求；乳清蛋白比例高，利于消化和加速胃排空；脂肪和乳糖量较低，易于吸收；钠盐较高，利于补充早产儿的丢失；钙磷易于吸收，利于骨骼发育。与配方奶喂养相比，喂母乳后胃排空更快。母乳中的某些成分，包括激素、肽类、氨基酸、糖蛋白，对小肠的成熟起一定作用。母乳中的乳铁蛋白、溶菌酶、分泌型免疫蛋白（SIgA）和干扰素有助于早产儿防御包括败血症和脑膜炎在内的感染，对于早产儿这一高危群体非常有益。母乳喂养可减少坏死性小肠结肠炎的发生，可能与分泌型免疫蛋白对消化道的保护作用和母乳中的低聚糖阻止细菌黏附于宿主的消化道黏膜有关。早产母乳中富含长链多不饱和脂肪酸（如DHA）和牛磺酸，是成熟母乳的1.5～2倍，可促进早产儿视网膜和中枢神经系统的发育。目前证据表明，母乳喂养时间越长，将来发生代谢综合征（肥胖、高血压、2型糖尿病、心脑血管病）的概率越低。

母亲在哺乳过程中的声音、拥抱和肌肤的接触能刺激婴儿的大脑反射，促进婴儿早期智力发育，有利于促进心理发育与外界适应能力的提高，同时，对于母亲来说也很重要，母乳喂养有助于母婴结合，即产生一种密切并充满爱心的联系，增进母子间情感，还有助于母亲的健康，减少乳母患乳腺癌和卵巢癌的概率。纵然他还不能直接在你怀中吸奶，为他挤奶也使你们之间有如怀孕期间的联结感。

二、如何给早产宝宝喂奶

刚出生时，许多早产儿，尤其胎龄小于34周的早产儿由于发育不成熟和疾病等原因常常不能自己吃奶，医生和护士会通过胃管把奶慢慢注入宝宝的胃里。开始可能每次喂奶量很少，每天多喂几次，根据宝宝的耐受程度会逐渐增加奶量。在吃奶量还不能满足需要的情况下，医生会给予肠外营养，就是通过静脉输液将营养物质输入，等到宝宝吃奶多了，肠外营养就不需要了。

医院一般做法是每二或三小时喂一次奶，回到家里，你应观察宝宝的反应，他想吃时就喂他。宝宝在头几个月吃的次数较多，但却不是在24小时内固定多久就吃一次的。有时宝宝甚至不到1小时就又要吃了，白天有时会隔3~4小时才要吃，这都是完全正常的现象。请记住：宝宝要吸奶，不仅是为得吃饱，也是为了要得到安慰。

若你的宝宝一天吃不到8次，你就应鼓励他多吃几次。早产儿是比足月宝宝更需睡眠的，若你的宝宝白天会一次睡2~3小时以上，你就要注意观察他：当他嘴在动或身体有动静时，就是把他抱起来喂喂看的好时机。如此不但能让他多吃些母乳，也会让他夜里睡得久一点。

对于胎龄大些的早产儿来说，他们的吸吮、吞咽和呼吸三者之间发育协调，可以自己吃奶了。但是由于胃的容量小，每次喂奶量也不可能像足月的宝宝一样多。而且他们吃奶很容易累，常吃吃停停，休息一会儿再吃，这是很正常的现象。有的宝宝脾气急，吃奶很快，常会憋得喘不过气来。这时要让他休息一会儿，喘几口气后再接着吃。

在给早产宝宝喂奶时一定要非常细致和耐心，抱起来喂奶，尽量避免呛奶和吐奶。如果母乳喂养，妈妈的奶水很多、流速很快的话常会造成呛奶，因为宝宝来不及吞咽。这时妈妈可以用手指掐住乳晕周围减慢乳汁的流速，或将前面的奶先挤出一些，再让宝宝吃。由于母乳的前奶和后奶成分不同，前奶的蛋白质多些，后奶的脂肪多些，这都是早产宝宝不可缺少的，所以要吃空一侧再吃另一侧。人工喂养时，要选择合适的奶嘴，太大会呛着，太小又费力。每次喂奶现配现吃，不要在室温下放置过久。吃奶的用具注意清洁，每天消毒。

正确的哺乳姿势非常重要，那种将宝宝的头都放在妈妈弯曲的手肘上的姿势对早产儿并不适用。早产儿需要妈妈的手掌托住他的头部支撑他。调整宝宝的姿势，把他放在膝盖上，形成半垂直的姿势。让宝宝的身体面向你的身体，肚子对着你的肚子，嘴与你的乳头同高度，假如你以左边的乳头喂宝宝，就要将你的左手放在宝宝脑后来引导和支持他，这时你的右手就可以托住乳房。而当以右边的乳头哺喂时则相反。以手托住乳房的方式是C形握法（拇指在上其余四指在下，放在乳晕后约2cm处）。在开始的前几天，假使宝宝的手一直乱动，使你不易保持一个正确的哺乳姿势，你可把他的手向下用布整个包扎起来，这种方式，还可能让爱睡的宝宝醒过来，也可以使爱乱动的宝宝变得安静。

在每次喂奶后要把宝宝竖抱起来，趴在妈妈的胸前拍拍背。这样做是为了帮助宝宝把吃奶时同时吃进去的气体排出来，以免吐奶。在3个月以前，许多宝宝会溢奶，就是在吃奶后顺着嘴边流出一些奶来，尤其在宝宝使劲儿或活动以后，这是正常现象，慢慢大些就好了。如果出现呛奶情况，马上把宝宝侧过身或面向下轻拍后背，把鼻咽部的奶液排出来，以防窒息。

三、正确的挤奶方法

当早产儿还没有办法自己吸吮母乳的时候，母亲必须先要将乳汁挤出来，这样才能维持乳汁的分泌。何时开始挤奶，必须视母亲身心状况而定，但一般而言，愈早愈好。

1. 人工挤奶

（1）彻底洗净双手。

（2）坐或站均可，以自己感到舒适为准。

（3）刺激射乳反射。

（4）将容器靠近乳房。

（5）用拇指及食指向胸壁方向轻轻下压，不可压得太深，否则将引起乳导管阻塞。

（6）压力应作用在拇指及食指间乳晕下方的乳房组织上，也就是说，必须压在乳晕下方的乳窦上。

（7）反复一压一放。本操作不应引起疼痛，否则方法不正确。

（8）依各个方向按照同样方法压乳晕，要做到使乳房内每一个乳窦的乳汁都被挤出。

（9）不要挤压乳头，因为压或按乳头不会出奶。

（10）一侧乳房至少挤压3~5分钟，待乳汁少了，就可挤另一侧乳房，如此反复数次。

2. 使用器材辅助挤奶：手动吸乳器/电动吸乳器

（1）使用前请清洗双手。

（2）吸奶器在拆卸、清洗、消毒后，正确组装。

（3）坐在椅子上面，以舒服的姿势坐好，身体稍微前倾进行吸乳。

（4）打开防尘盖，根据吸乳量，利用奶瓶转换器，选择合适口径的奶瓶。

（5）将乳头对准按摩护垫，同时将乳房罩紧贴于乳房上，为防止空气的泄露，请使硅胶乳垫紧贴乳房。另一只手在乳房下方托住，使乳房罩更紧贴乳房。

（6）打开锁扣。

（7）以较舒适的力度握放手柄进行吸乳。

（8）待吸乳完毕，盖上防尘盖。

3. 喷乳反射

当刺激产妇的乳头时，这种感觉通过神经传达到大脑，引起垂体分泌催产素，催产素使乳腺细胞和乳腺管周围的小肌肉细胞收缩，将乳腺泡中的乳汁压向乳导管，到达乳窦并暂时储存。当再刺激乳头时，乳汁就像喷泉一样喷出，这就叫喷乳反射。

（1）有良好的心理状态。看看自己的宝宝，或抱一抱宝宝，或与宝宝接触一下等，可以帮助喷乳反射的出现。

（2）给母亲喝些汤水可增加乳汁分泌，有利喷乳反射。不过不要喝咖啡。

（3）热敷乳房，也有利于喷乳反射。

（4）按摩脊柱两旁的穴位，有利喷乳反射。

（5）适当地刺激乳头、乳晕。

小贴士1 挤奶的时间

间隔3小时挤1次，注意夜间也要坚持。每侧乳房挤奶3～5分钟，两侧乳房交替进行，每次挤奶的持续时间20～30分钟。

小贴士2 哺乳期间乳房的清洁

每次喂奶前用温水清洁乳房，尤其是乳头和乳晕部位；喂奶过后温水擦拭乳房，然后暴露几分钟让乳房干燥。不要使用香皂和酒精等有刺激性的物品清洁乳房，以免对宝宝造成刺激。

小贴士 3 哺乳期乳房的护理

1. 哺乳期选戴合适文胸

哺乳期要选戴合身舒适的棉质文胸，最好是专门为哺乳妈妈设计的哺乳文胸。应根据乳房的尺寸及重量的增加变换尺寸，这样不仅方便哺乳，还有利于母亲身材的恢复。每天更换干净的文胸，及时更换胸垫，或使用防溢乳垫防止乳汁渗出沾湿衣服。

2. 喂奶前后护理乳房

第一次哺乳前，用清洁的植物油涂在乳头上，使乳头的痂垢变软，再用清水将乳房洗净。每次喂奶前，都要洗净双手、乳头及乳晕，洗去乳房与衣服可能污染的细菌。喂奶后要用温水清洗，以防宝贝鼻咽传播细菌。喂奶时最好准备一块专擦乳头用的小毛巾，不要与其他毛巾混用，洁白的小方巾大小合适，最为方便。

3. 保护好乳头

乳头应保持清洁，如发生乳头裂伤，应暂停直接喂奶，可将乳汁挤出或吸出消毒后再喂给宝贝；也可以用鱼肝油软膏或蓖麻油铋剂涂于乳头上，防止感染，促使痊愈。不要让宝贝含着乳头睡觉，以免乳头因较长时间浸渍导致破损或乳腺口堵塞，使宝贝鼻咽部的细菌很容易传播给乳头，不仅有可能导致乳腺炎，也是造成婴儿呕吐甚至诱发窒息的原因之一。

4. 防止乳房变形

吃太多的营养品或高热量食物，不仅会导致体重增加，而且不利于断奶后乳房形状的恢复。可以多吃蔬菜、水果、肉类，多喝一些低脂或脱脂牛奶来保证乳汁中钙的含量。吃炖猪蹄和鹿角粉冲黄酒有催奶作用，并利于乳房皮肤的保健。通过运动保持胸部健美。游泳能通过水的压力对胸部起到按摩的作用，有助于胸肌均匀；平时看电视时，做一做扩胸运动，可锻炼胸部肌肉，使胸部结实。

重点提示： 预防乳腺炎 如果乳汁排出不畅或每次喂哺时未将乳汁吸净，造成乳汁淤积于乳房，可致乳腺炎的发生。急性乳腺炎的表现是早期乳房有肿胀，局部能摸到硬结，进而出现红、肿、热。患病一侧的腋窝淋巴肿大，压之疼痛。同时会引起全身症状，包括食欲不好、发热、冷战，甚至引发败血症。预防对策：平时要按需哺乳，让宝贝吸空一侧再吸另一侧，吃不完时，要用吸奶器吸空，以防止乳腺炎。如乳头凹陷，新生儿无法吸吮，或未成熟儿吸吮无力，可湿热敷乳房后按摩挤出乳汁或用吸奶器吸出乳汁，也可用中药散结通乳，否则乳汁淤积，易形成硬结导致急性乳腺炎。哺乳妈妈应注意休息，保持精神愉快，增强全身抵抗力，减少乳腺炎的发生。一旦发现乳腺炎要及时去医院，在医生指导下治疗。

四、乳汁保存的方法

挤出的奶如果孩子吃不完或不能吃，应放在经消毒的并有密封瓶盖的玻璃或塑料瓶内，最理想的是使用母乳储存袋，暂时冰箱冷藏或者长期冷冻，以便日后再给孩子喂养。在室温下最好放入冰箱的冷藏室内保存，在24小时内，哺育自己的新生儿是安全的，不需要进行消毒，喂奶前用温水将母乳温热38~39℃即可；母乳保存的时间超过24小时或将乳汁喂哺其他的孩子需要消毒。

1. 新鲜母乳

在25~37℃的条件下保存4小时；15~25℃的条件下保存8小时；15℃以下保存24小时。

注意：母乳不能保存在37℃以上的条件。

2. 冷藏母乳

2~4℃可保存8天以上。将母乳放置在冰箱或冷藏室最冷的部位保存。如果冰箱不能保持恒温，应该在3~5天内将乳汁喂哺完。

注意：冷藏母乳可以使用母乳储乳袋冷藏。

3. 冷冻母乳

在冰箱的冷冻室储存母乳，可保存6个月。

注意：冷冻箱内不能存放其他物品，只能放母乳。

母乳解冻后可保存24小时，可将盛奶的容器放在温水中快速解冻，不需要进行消毒，喂奶前用温水将母乳温热38~39℃即可，但不能再次冷冻。

注意：母乳解冻可以使用温奶器，将母乳快速温热至39℃，不会破坏母乳的营养。

4. 巴氏消毒法

将乳汁放在62.5℃的恒温箱内30分钟进行消毒，即巴氏消毒法。此方法既除掉了母乳中的细菌，又没有破坏母乳中的成分。

注意：消毒时间不要超过30分钟。

五、判断喂养量是否足够

乳母常担心自己的乳汁量不足不能喂饱婴儿，会影响宝宝的生长发育。可以从以下几个方面判断乳汁是否足够。

（1）由于早产宝宝想要吃奶时，动静都比足月的宝宝要小，所以，与大多数早产宝宝饿了就会扯着嗓子哭不同，不睡觉可能是他饿了的唯一提示。

（2）尽量频繁的给早产宝宝喂奶。最起码要保证3小时一次奶，每24小时8次，这是最低的喂奶频率。如果早产宝宝睡得太久，要把他叫醒吃奶。你可以弹他的脚心，把他的襁褓打开，甚至脱掉他的衣服，刺激他寻求舒适感，这时，他通常会找奶吃。

（3）排尿。吃够了奶的婴儿每天会尿至少6~8次。

（4）排便。婴儿每天会排便3~5次，呈黄色软膏状。奶水不足时，会出现秘结、稀薄，发绿或次数增多而每次排出量少。

（5）一般认为，早产儿出院后的营养支持应达到以下要求：

体重增长：矫正月龄<3个月，20～30g/d；3～6个月，15g/d；6～9个月，10g/d。

身高增长：>0.8cm/周或≥25百分位。

头围增长：矫正月龄<3个月，>0.5cm/周；3～6个月>0.25cm/周。

六、出院后强化营养

早产儿出院后强化营养是指以强化母乳、早产配方奶和早产儿出院后配方奶进行喂养的方法。强化营养能保证早产儿良好的生长和神经系统预后，但过度喂养反而会引起将来的肥胖以及代谢综合征，如何在两者之间掌握平衡是目前需要解决的。

强化营养的时间各国尚未统一，还有争议。根据目前循证医学的原则，推荐应用至矫正月龄3~6个月。但一定要在医生指导下，根据早产儿出院后定期随访中营养状况及其体格发育监测指标包括体重、身长、头围的生长曲线和营养生化指标是否正常等进行判断，充分考虑个体差异。

在宝宝转换配方奶时，如由早产配方转为早产儿出院后配方奶，或由出院后配方转为婴儿配方奶时，应采取循序渐进的方式。比如每天喂8次奶，先加1次新配方，其余7次老配方。观察2~3天能适应的话再增加为2次新配方，其余6次老配方，直至完全更换为新配方。在转换过程中，许多宝宝会出现不习惯口味或不耐受等情况，但慢慢总会适应过来，不要着急。

七、微量元素及副食品的添加

母乳虽然含有易于消化吸收的蛋白质、脂肪、乳糖，还有适量的微量元素、维生素、酶及免疫因子等物质，公认为是早产儿的最佳食品。但母乳中某些微量元素（铁、锌等）及维生素（维生素D、维生素C、维生素B等）的供给往往还不能达到早产儿的生理需求，而这些营养素又是保证早产儿智力体格发育所必需的，如不及时添加这些营养素就会造成营养素的缺乏，从而不利于早产儿智力的发育。为保证早产儿的智能发育，对母乳喂养的早产儿也应注意补充以下营养素。

（1）钙剂及维生素D：母乳喂养的早产儿，生后第2～3周起每日供给维生素D 800～1200单位，但要注意用鱼肝油时维生素A的剂量不应超过每日10000单位。同时每天每千克体重应补充钙剂100mg。

（2）铁补充：一般生后6～8周起开始补铁至1岁，预防量为2mg/(kg·d)。

（3）维生素E：早产儿血清维生素E也低于足月儿，出生后10天起每日应补充维生素E 15mg。

（4）叶酸：早产儿出生后2周，血清中叶酸的含量较低，而红细胞生成时需要叶酸，故每日需补充20～50μg的叶酸。

（5）锌的补充：一般在生后4周开始补充，婴儿锌的推荐量为每日3mg。

（6）维生素B：生后可以每日供给维生素B约65mg。

（7）维生素C：每日补充50mg，分2次口服。

早产儿添加辅食的月龄有个体差异，与其发育成熟水平有关。胎龄小的早产儿引入时间相对较晚，一般不宜早于矫正月龄4个月，不迟于矫正月龄6个月。引入的顺序也介于矫正月龄和实际月龄之间。加辅食过早会影响奶量，或导致消化不良，添加过晚会影响多种营养素的吸收和造成进食困难。添加辅食的原则是循序渐进，从一种到多种，从少到多，从稀到稠。早产宝宝吃饭是需要学习的，如咀嚼、吞咽功能的锻炼，口腔肌肉运动的协调等。但在1岁以内，奶是宝宝的主食，辅食量不能过多，但花样要多，这样才能得到充足和均衡的营养物质，养成不挑食的好习惯。

八、哪些情况不适合母乳喂养

1. 母亲患传染性疾病时

如母亲患有活动性肺结核，不但不能哺乳，还应当与婴儿分离开来。待母亲的病情好转一些，经过医师的同意方可哺乳，不过相隔一段时间后，如果没有按照要求挤奶，母亲的乳汁往往已经不再分泌了。有人认为，只要为孩子接种了“卡介苗”，就可以完全保护孩子不患结核病。实际上，接种了“卡介苗”只能避免孩子患某些类型的结核，并不能保证孩子不患结核病。因此，母亲是活动性肺结核患者，不能给孩子喂奶。母亲患乙型肝炎如果具有较强的传染性时，也不应给婴儿哺乳；也有人认为，母亲患乙型肝炎在胎儿期就容易传染给胎儿，婴儿患不患乙肝与哺乳关系不大，当母亲在这个问题上拿不定主意时，可以去找保健医师给予咨询。

母亲患心脏病、肾脏病，或有其他严重影响母亲正常生活的疾病存在时，就不要强调母乳喂养。如果母亲自己的体力与精力容许的话，是可以自己哺喂婴儿的。

母亲患了严重感染性疾病时，发热或者患急性乳腺炎乳汁中有脓液排出时，应当暂时不喂奶，等病情缓解时再恢复喂奶。在暂时停止喂奶的日子里，母亲要将乳汁挤出，以保持乳汁的正常分泌。

2. 母亲服药

母亲患糖尿病、甲状腺功能亢进时，如果需要治疗，就不要哺喂母乳。母亲患病需要使用抗生素时，要在医生的指导下用药，对容易造成听神经损伤的药物应当避免。

3. 母亲的不良嗜好

吸烟、喝酒、喝咖啡，对哺乳母亲来说都是不良嗜好；喜欢吃辛辣食品者，应当有所节制；母亲吸毒是绝对不容许的。

4. 其他情况

另外，对于患有较重贫血、消化吸收差的乳母来说，哺乳可能会增加自己身体的负担，此时如果加强营养还是不见效，脸色苍白、体弱无力，要适当考虑不哺乳或减少哺乳。乳母如果患有严重的心脏病或肾脏病、糖尿病、肝炎等消耗性疾病和严重急慢性疾病，均不宜给婴儿哺乳，只能放弃哺乳；患癌症、精神病也该终止哺乳；患有艾滋病或HIV呈阳性的产妇，由于病毒可能会通过乳汁传染给婴儿，所以也必须禁止给婴儿哺乳。

九、促进乳汁分泌推荐食谱

我们都知道母乳的质量与妈妈的饮食有关，哺乳期的妈妈每天饮食一般应包括：粮食500~700g，蛋类200g（4个），肉类200~250g，豆制品50~100g，牛奶250g，汤水1000~1500ml，蔬菜500g（其中绿叶菜不少于250g）。如果妈妈乳汁不足，可以试试采用食疗方法催乳。通过食疗，既可以让妈妈产后恢复得更好，又可以让宝宝吃得更健康。

1. 木瓜鲫鱼汤

材料：青木瓜一个、鲫鱼一条。

调料：食盐、料酒、鸡精、葱姜、精制油各少许。

制作方法：

（1）木瓜去仔削皮切块；鲫鱼洗净控干水，用油煎透、煎黄。

（2）锅里放水，放入煎好的鲫鱼，加入姜、食盐、料酒，煮沸后倒入木瓜一起煲，看到汤变得乳白浓稠再加入少许葱花即可。

特点：鲫鱼汤含有丰富的蛋白质，不但有催乳、下乳的作用，对母体身体恢复也有很好的补益作用；木瓜鲫鱼汤木瓜特有的木瓜酶对乳腺发育很有益处，2种食材搭配在一起催乳功效十分明显。

2. 花生炖猪蹄

材料：生猪蹄2个、花生200g。

调料：葱、姜、黄酒适量。

制作方法：猪蹄洗净，用刀划口，加花生、葱、姜、黄酒与清水用武火烧沸后，再用文火熬至烂熟。

特点：益气养血，具有催乳功效。

3. 当归生姜炖羊肉

羊肉含蛋白质、脂肪、糖类、维生素B_1、维生素B_2、尼克酸、磷、铁、钠等，具有补中益气、安心止痛、固肾壮阳等功效。

当归有补血活血作用。

此菜具有暖胃祛寒、温补气血、开胃健脾、益胃气的功效，是适宜产妇的美味佳肴。

材料：羊肉350g，当归15g，生姜10g，精盐、胡椒粉、味精、甘蔗汁、花生油各适量。

制作方法：

（1）将生姜去外皮，与当归一起洗净，姜切片；羊肉洗净，切成块，放入沸水锅中烫一下，过凉水洗净，待用。

（2）锅置火上，加适量清水煮沸，放入生姜、当归、羊肉块、甘蔗汁，锅加盖，用文火炖至烂熟，放入胡椒粉、花生油、精盐、味精，稍煮片刻即可食用。

特点：鲜嫩，辣中微甜。

4. 豆腐香菇炖猪蹄

材料：豆腐、丝瓜各200g，香菇50g，猪前蹄2个，精盐10g，生姜丝、葱段各5g，味精3g。

制作方法：

（1）将猪蹄去毛、洗净，用刀剁成小块；将丝瓜削去外皮，洗净后切成薄片；香菇先切去老蒂，水浸软后洗净。

（2）将猪蹄置于锅中，加入适量的水，煮至肉烂时放入香菇、豆腐及丝瓜，加入盐、生姜丝、葱段、味精。再煮几分钟后，即可离火。

功效小提示：此菜含蛋白质、脂肪、糖类、钙、磷、铁及维生素A、维生素B_1、维生素B_2、维生素B_6、维生素C等，而且具有良好的催乳作用。

5. 乌鸡白凤汤

材料：乌鸡1只，白凤尾菇50g，黄酒、葱段、姜片、盐、味精适量。

制作方法：先将鸡洗净，切成小块；在锅里加清水、姜片煮沸，放入鸡块、黄酒、葱段，用慢火熬煮至鸡肉熟烂；在鸡汤中放入白凤尾菇、味精及少许盐（有淡淡的盐味即可），调味后沸煮3分钟即成。

营养小秘诀：乌鸡具有较强的滋补肝肾的作用，经常食用本汤对新妈妈有很好的增乳、补益的作用。

6. 黑芝麻粥

材料：黑芝麻25g、大米适量。

制作方法：将黑芝麻捣碎、大米洗净、加水适量煮成粥。每日2~3次，或经常佐餐食用。

适用于产后乳汁不足。

7. 花生大米粥

原料：生花生米（带粉衣）100g、大米200g。

制作方法：将花生捣烂后放入淘净的大米里煮粥。粥分2次喝完，连服3天。花生米富含蛋白质和不饱和脂肪酸，有醒脾开胃、理气通乳的功效。粉衣有活血养血功能。

人工喂养

早产宝宝应尽可能哺喂纯母乳至少至矫正胎龄6个月。如果因特殊缘故无法哺育母乳时或母乳不能保证早产儿的正常营养，可考虑搭配早产儿配方奶使用。

一、人工喂养的方法

宝宝出院后的人工喂养方式，一般根据其出院时具体情况来确定。之后随着宝宝的不断发育，逐步进行喂养方式的调整。

经口喂养是早产宝宝出院后最主要的人工喂养方法。

一般矫正胎龄大于34周，呼吸、吞咽及吸吮反射协调好的早产儿选择经口喂养，可采用小勺、量杯、奶瓶或滴管进行喂养。如只是暂时没有母乳，则最好不要用奶瓶喂养，相比之下，吸吮橡皮奶嘴省力，容易得到乳汁，而母乳必须靠有力的吸吮刺激才能促进泌乳。宝宝一旦习惯了橡皮奶嘴，再吸妈妈的乳头时，就会产生错觉，可能不愿再吸吮妈妈的乳头，从而影响今后的母乳喂养。

二、配方奶的选择

1. 早产配方奶

人工喂养的极（超）低出生体重儿需要喂至矫正胎龄40周；如母乳喂养体重增长不满意或母乳不足可混合喂养，早产配方奶不超过每日总量的1/2，作为母乳的补充。

2. 早产儿出院后配方奶（PDF）

适用于人工喂养的早产儿或母乳不足时混合喂养，作为母乳的补充。

3. 婴儿配方奶

适用于出生体重>2000g、无营养不良高危因素、出院后体重增长满意、人工喂养的早产儿或作为母乳不足时的补充。

4. 牛奶喂养

牛奶含有比母乳高3倍的蛋白质和钙，虽然营养丰富，但不适宜婴儿的消化能力，尤其是早产儿。牛奶中所含的脂肪以饱和脂肪酸为多，脂肪球大，又无溶脂酶，消化吸收困难。牛奶中含乳糖较少，喂哺时应加5%~8%糖，矿物质成分较高，不仅使胃酸下降，而且加重肾脏负荷，不利于新生儿、早产儿、肾功能较差的婴儿。所以牛奶需要经过稀释、煮沸、加糖3个步骤来调整其缺点。

矫正1~2周的宝宝可先喂2∶1牛奶，即鲜奶2份加1份水，以后逐渐增加浓度，吃（3∶1）~（4∶1）的鲜奶到满月后，如果孩子消化能力好，大便正常，可直接喂哺全奶。

奶量的计算：婴儿每日需要的能量为100~120kcal/kg，需水分150ml/kg。100ml牛奶加8%的糖可供给能量100kcal。

5. 羊奶喂养

羊奶成分与牛奶相仿，蛋白质与脂肪稍多，尤以白蛋白为高，故凝块细，脂肪球也小，易消化。由于其叶酸含量低，维生素B_{12}也少，所以羊奶喂养的孩子应添加叶酸和维生素B_{12}，否则可引起巨幼红细胞贫血。

三、奶粉的冲泡

奶粉冲泡太浓，易导致腹泻，太稀易造成营养不均衡，所以调配时应该注意包装上的使用说明，若有疑问或不明白的地方应请教医护人员。

冲泡奶粉前用肥皂将双手洗干净。冲奶时，先将放凉的开水注入消毒好的奶瓶内，再放热开水，调至适当的温度（可用手臂前臂内侧来测试温度），然后加入正确的奶粉量，装上奶嘴栓，盖上奶盖，左右轻轻摇匀，勿上下摇晃，以免产生气泡。

四、配方奶奶量建议表

欲增加奶量，一次以5~10ml为宜，但需先观察早产儿有无腹胀，呕吐情形，依早产儿需要，不要强迫喂食，表3-2为参考的建议表。

表3-2　配方奶奶量建议表

体重（kg）	每3小时喂奶者（ml）	每4小时喂奶者（ml）
2	45~65	60~90
2.5	55~70	75~90

续表

体重（kg）	每3小时喂奶者（ml）	每4小时喂奶者（ml）
3	65~85	90~110
3.5	75~95	100~130
4	90~110	120~150
4.5	95~120	130~165
5	105~130	150~185
6	120~140	180~220

混合喂养

混合喂养是在确定母乳不足的情况下，以其他乳类或代乳品来补充喂养婴儿。主要是母乳分泌不足或因其他原因不能完全母乳喂养时可选择这种方式。混合喂养虽然不如母乳喂养好，但在一定程度上能保证母亲的乳房按时受到婴儿吸吮的刺激，从而维持乳汁的正常分泌，婴儿每天能吃到2~3次母乳，对婴儿的健康仍然有很多好处。混合喂养每次补充其他乳类的数量应根据母乳缺少的程度来定。混合喂养可在每次母乳喂养后补充母乳的不足部分，也可在一天中1次或数次完全用代乳品喂养。但应注意的是母亲不要因母乳不足从而放弃母乳喂养，至少坚持母乳喂养婴儿6个月后再完全使用代乳品。

一、混合喂养的2种方法

1. 补授法

每天哺喂母乳的次数照常，但每次喂完母乳后，接着补喂一定数量的牛奶或代乳品，这叫补授法，适用于 6 个月以前的婴儿。其特点是，婴儿先吸吮母乳，使母亲乳房按时受到刺激，保持乳汁的分泌。

2. 代授法

一次喂母乳，一次喂牛奶或代乳品，轮换间隔喂食，这种叫代授法，但总次数以不超过每天哺乳次数的一半。代授法适合于 6 个月以后的婴儿。这种喂法容易使母乳减少，逐渐地用牛奶、代乳品、稀饭、烂面条代授，可培养孩子的咀嚼习惯，为以后断奶做好准备。

对于婴儿来说，原则上应用母乳喂养。采用混合喂养的只限于母乳确实不足，或妈妈有工作而中间又实在无法哺乳的时候。混合喂养不论采取哪种方法，每天一定要让婴儿定时吸吮母乳，补授或代授的奶量及食物量要足，并且要注意卫生。

二、混合喂养的原则

混合喂养应以下列几项为原则。

（1）混合喂养时，应每天按时母乳喂养，即先喂母乳，再喂其他乳品，这样可以保持母乳分泌。但其缺点是因母乳量少，婴儿吸吮时间长，易疲劳，可能没吃饱就睡着了，或者总是不停地哭闹，这样每次喂奶量就不易掌握。除了定时母乳喂养外，每次哺乳时间不应超过10分钟，然后喂其他乳品。注意观察婴儿能否坚持到下一喂养时间，是否真正达到定时喂养。

（2）如母亲因工作原因，不能白天哺乳，加之乳汁分泌亦不足，可在每日特定时间哺喂，一般不少于3次，这样既保证母乳充分分泌，又可满足婴儿每次的需要量。其余的几次可给予其他乳品，这样每次喂奶量较易掌握。

（3）如混合喂养，应注意不要使用橡皮奶头、奶瓶喂婴儿，应使用小匙、小杯或滴管喂，以免造成乳头错觉。

（4）夜间，妈妈比较累，尤其是后半夜，起床给宝宝冲奶粉很麻烦，最好是母乳喂养。夜间妈妈休息，乳汁分泌量相对增多，宝宝需要量又相对减少，母乳可能会满足宝宝的需要。但如果母乳量太少，宝宝吃不饱，就会缩短吃奶间隔，影响母子休息，这时就要以牛奶为主了。

三、混合喂养的方法

一直母乳喂养的孩子一看到奶瓶就会哭叫，这是一个常见问题。为避免这种奶瓶抗拒现象的发生，建议新手妈妈在宝宝断奶3周前就开始穿插规律的奶瓶喂养（里面最好装上挤出的母乳），这种交叉哺乳不会对宝宝的生长造成任何干扰。许多妈妈喜欢握住奶瓶的尾部喂孩子，实际上这样无法完全控制奶瓶。正确的方法应该是握在奶瓶颈部，并将余下的手指轻轻抵在宝宝脸部。

四、混合喂养的注意事项

1. 不允许母乳、牛奶一顿混合着喂

混合喂养需要充分利用有限的母乳，尽量多喂母乳。母乳是越吸越多，如果妈妈认为母乳不足，就减少母乳的次数，会使母乳越来越少。母乳喂养次数要均匀分开，不要很长时间都不喂母乳。一顿喂母乳就全部喂母乳，即使没吃饱，也不要马上喂牛奶，下一次喂奶时间可以提前。如果上一顿没有喂饱母乳，下一顿一定要喂牛奶；如果上一顿宝宝吃得很饱，到下一顿喂奶时间了，妈妈感觉到乳房很胀，奶也比较多，这一顿仍然喂母乳。这是因为，母乳不能攒，如果奶没有及时排空，就会减少乳汁的分泌，母乳是吃得越空，分泌得越多。所以，不要攒母乳，有了就喂，慢慢或许就够宝宝吃了。

2. 千万不要放弃母乳

混合喂养最容易发生的情况就是放弃母乳喂养。母乳喂养，不单单对母婴身体有好处，还对心理健康有极大的益处，母乳喂养可以使孩子获得极大的母爱。况且，有的产妇奶下得比较晚，但随着产后身体的恢复，乳量可能会不断增加，如果放弃了，就等于放弃了宝宝吃母乳的希望，希望妈妈们能够尽最大的力量用自己的乳汁哺育可爱宝宝。

3. 如何添加副食

添加副食，种类应循序渐进，顺序为五谷类→蔬菜泥→水果泥→肉泥、蛋黄泥→鱼。避免容易引起过敏的食物：牛奶、蛋白、花生、带壳的海鲜类、酸性的水果，如：草莓、柑橘、番茄，都是比较容易引起过敏的食物，1岁之前不要食用。不要给1岁以下的宝宝食用蜂蜜，以免引起肉毒杆菌中毒。1岁之前不要给宝宝一般成人吃的牛奶，2岁之前不要给宝宝脱脂牛奶，以免缺乏必需脂肪酸，并造成不必要的肾脏负荷。

一、呛奶的处理和预防

婴儿呛奶是咽喉活塞——会厌失灵造成。会厌是咽喉里的指挥系统，人的咽喉是食物和空气的必经之路。食物由口腔咽下后，经咽喉部进入食管到

胃；空气则从鼻腔吸入，通过咽喉部进入气管到肺脏。颈段食管和气管一后一前并行，使食物和气体各行其道，有条不紊互不干扰。由于早产儿神经系统发育不完善，容易造成会厌失灵，其主要表现就是呛奶。

呛奶窒息的婴儿可出现颜面青紫、全身抽动、呼吸不规则，吐出奶液或泡沫、鲜血、黑水等。婴儿的大脑细胞对氧气十分敏感，如抢救不及时极易造成婴儿猝死。

1. 宝宝呛奶的原因

（1）喝奶姿势不佳（例如让宝宝躺着喝奶）。

（2）宝宝呼吸系统受到感染或发育不健全，例如：支气管肺炎、喉软骨软化、喉炎等，吞咽时声门不能很好关闭。

（3）先天吸吮能力不佳，如唇腭裂、心脏病、神经系统异常、唐氏症、早产儿等。

（4）奶嘴孔洞太大，吞咽不及。

（5）呛奶可能跟缺乏维生素有关。研究发现，婴儿呛奶与维生素A的缺乏密切相关，而补充维生素A后可见良好效果。研究者认为维生素A对维持皮肤黏膜上皮细胞组织的正常结构和健康具有重要作用。当婴儿缺乏维生素A时，由于位于喉头上前部的会厌上皮细胞萎缩角化，导致吞咽时因会厌不能充分闭合盖住气管，而发生呛奶。由于母乳中富含维生素A，专家认为母乳喂养能够预防维生素A缺乏和婴儿呛奶的产生。孕妇和乳母应多摄取含维生素A和胡萝卜素丰富的食物，如蛋类、动物肝脏和有色蔬菜等。

2. 宝宝呛奶的处理

当父母发现宝宝呛奶时，首先要保持头脑的冷静，千万不要慌乱，然后根据宝宝的不同情况进行处理。

（1）轻微呛奶：轻微的呛奶，宝宝自己会调适呼吸及吞咽动作，不会吸入气管，只要密切观察宝宝的呼吸状况及肤色即可。

（2）严重呛奶：如果大量吐奶，首先，应迅速将宝宝脸侧向一边，以免吐出物向后流入咽喉及气管。然后，把手帕缠在手指伸入口腔中，甚至咽喉，将吐、溢出的奶水食物快速清理出来，以保持呼吸道顺畅，然后用小棉花棒清理鼻孔。当宝宝憋气不呼吸或脸色变暗时，表示吐出物可能已进入气管了，让其俯卧在床上，用力拍打背部四五次，使宝宝能将奶水咳出来。如果仍无效，马上弹足底使宝宝因疼痛而哭，加大呼吸，此时最重要的是让他吸氧入肺，而不是在浪费时间想如何把异物取出。

在以上过程中，宝宝应同时准备送往医院检查。如果呛奶后宝宝呼吸很顺畅，最好还是想办法让他再用力哭一下，以观察哭时的吸氧及吐气动作，看有无任何异常，如声音变调微弱、吸气困难、严重凹胸等，如有应即送医院。如果宝宝哭声洪亮，中气十足、脸色红润，则表示无大碍。

（3）对常吐奶的婴儿，父母应加强观察，并适当抬高床头，让婴儿侧卧。哺乳或喂奶时，都应让头部略高，喂完奶后，再把婴儿抱立起来，轻拍后背，直到打嗝后再放回床上。夜间应定期观察婴儿，是否发生吐奶，呼吸与睡姿如何等。另外，妈妈在给婴儿喂奶时，应防止奶头堵住婴儿的口、鼻，导致窒息。

3. 宝宝呛奶的预防

呛奶是新生宝宝常见的现象，它实际上是自我保护的一种表现，但呛咳并不能保证将进入呼吸道的食物全部排除，残留的食物（奶汁）又可刺激呼吸道造成呼吸系统感染的加剧。所以，呛奶是支气管肺炎患者的常见症状，又与支气管肺炎互为因果。

（1）奶嘴要选择合适宝宝的。奶嘴太大，宝宝的嘴含起来费劲容易被呛到。

（2）奶的温度要在36～37℃左右，太热容易烫到宝宝而导致呛奶。奶的温度可以用手腕的内侧试，以不烫手为准。

（3）不要等到宝宝已经很饿了再喂，那样宝宝太急容易呛到。判断是否饿可以用手指轻点宝宝的嘴边，如果宝宝在寻找那就证明饿了，没有就可以等等了。

（4）调整吃奶速度。宝宝在吃奶的过程中要注意及时调整速度，不要过急。若以奶瓶哺喂，可将奶瓶倒放，看是否奶水滴下来的速度为每秒一滴，若呈一直线，则代表奶嘴洞太大，容易呛奶。

（5）选择正确的哺乳防呛奶。哺乳时应注意哺乳姿势，母乳喂养时，脚踩在小凳上，抱好宝宝，另一只手以拇指和食指轻轻夹着乳头喂哺，以防乳头堵住宝宝鼻孔或因奶汁太急引起婴儿呛咳，吐奶。

（6）拍嗝。这点非常重要。当宝宝吃完奶后，要将宝宝面向怀里抱住，竖起从上至下轻拍宝宝的后背，当听到奶嗝后再抱5分钟左右再躺下，如没有听到，那就这样抱着轻拍半小时左右再躺下就行了。

二、牛奶过敏

婴儿牛奶过敏，实际上是对牛奶中的蛋白过敏，也就是说，是宝宝体内的免疫系统对牛奶蛋白过度反应而造成的。牛奶过敏是宝宝出生后最常发生的食物过敏，大约有2.5%的宝宝会出现牛奶过敏，但其中大部分的宝宝到3

岁左右就不再对牛奶过敏了。

1. 临床表现

宝宝发生牛奶过敏可累及多器官、多脏器，主要有皮肤、呼吸系统、消化道等。根据严重程度可将其分为轻–中度和重度。皮肤表现主要为特应性皮炎，如湿疹、瘙痒、皮疹、荨麻疹、水肿、干燥等，重度患儿为渗出性或重度特应性皮炎；呼吸道症状一般是哮喘、咳嗽、过敏性鼻炎，严重时出现急性喉水肿或支气管阻塞伴呼吸困难；胃肠道表现一般是频繁反流、呕吐、腹泻、便秘，若出现潜血或镜下血便所致的缺铁性贫血、重度溃疡性结肠炎时，可诊断为重症表现。有些患儿甚至还会出现急性过敏综合征，此时必须及时去医院抢救。

2. 宝宝牛奶过敏的护理

（1）母乳喂养的宝宝发生过敏症状时，需要坚持母乳喂养，因为母乳是宝宝最安全、最营养、最合适的食品。但妈妈在哺乳期间，要避免进食含有牛奶蛋白的食品。

（2）配方奶或牛奶喂养的宝宝出现过敏时，要暂停使用牛奶，改用其他代乳品，如羊奶、马奶、豆浆、奶糕及其他人工合成蛋白等等。

（3）试试服用抗过敏原配方奶粉

★**腹泻奶粉：**这种奶粉以植物性蛋白质或经过分解处理后的蛋白质，取代牛奶中的蛋白质；以葡萄糖替代乳糖；以短链及中链的脂肪酸替代一般奶粉中的长链脂肪酸。其成分虽与牛奶不同，但却仍具有宝宝成长所需的营养及相同的卡路里，也可避免宝宝出现过敏等不适症状。

★**高度水解奶粉：**牛奶蛋白质分解成小分子因此比一般的奶粉引起宝宝过敏的机会更低。大部分有牛奶过敏反应的婴儿宝宝都能够接受这种奶粉。

★**氨基酸婴儿奶粉：**这种奶粉含有最简单形式的蛋白质——氨基酸。如果你的宝宝不能接受高度水解奶粉的话就可以尝试一下这种奶粉了。

一旦更换了另外一种奶粉后，宝宝过敏的症状一般会在2~4周内消退，一般可以坚持选用这种合适的奶粉直到宝宝1岁，然后就可以慢慢开始在膳食中增加牛奶了。

（4）在其他代乳品不能满足哺乳需要时，可试用牛奶脱敏法进行脱敏，然后再对小儿进行牛奶喂养。

3. 牛奶脱敏法的步骤

先停用牛奶2周（改用其他代乳品），然后用10ml鲜牛奶喂一次，观察其反应，即使有些过敏反应，如果不是严重影响宝宝健康的话，再隔3天后继续喂牛奶15ml，然后每隔3天喂鲜牛奶20~30ml，如随着喂奶量的增加，临床症状而减轻，则说明脱敏有效，可逐渐增加喂牛奶量，同时缩短进食时间，直至完全恢复原来的喂奶量，如在脱敏试喂过程中，宝宝过敏反应未见减轻反而越来越严重，则需停止试用，改用其他代乳品喂养。

应该指出的是，牛奶虽然营养比较丰富，但对宝宝来说，毕竟不如用母乳哺养效果更好，因此，能用母乳喂养者，应尽量用母乳喂养。

4. 预防宝宝牛奶过敏的措施

（1）母乳喂养：宝宝出生后，最好喂食母乳，纯母乳喂养超过4个月的宝宝，长大后发生哮喘病的机会是配方奶喂食婴儿的1/2。而喂食母乳的母亲，也需要控制饮食，避免摄取高过敏的食物。若不能喂食母乳，建议用水解蛋白婴儿奶粉取代，另外，水解配方奶粉营养完整，不要担心营养不够的问题。母乳喂养最好坚持至6个月。一般宝宝在4个月左右添加辅食，过敏宝宝6个月后才能添加。如果6个月大时肠道的吸收仍不稳定，容易呕吐，则添加辅食时间还要延长。另外婴幼儿饮食以清淡为好，调味料及色素尽量减少。

（2）添加辅食：最好在6个月大以后再开始添加，且以低过敏食物开始，循序增加。

下列内容供家长参考：

●在6~9个月，可考虑添加米粉、绿色蔬菜、肉泥和燕麦所做的食物。

●满9个月后，可摄取鱼、蛋黄、小麦或豆类制品。

●避免牛油、猪油。

●12个月前，不可进食全脂牛奶。

●18~24个月前，避免摄取蛋白、海鲜、巧克力等。

●满36个月前不要吃花生、核桃类的食品。

●大约每7天添加一种副食品，观察有无不良反应。

●食品的选择以新鲜为原则，避免含有人工色素、保鲜剂、防腐剂的食物，食后会引起过敏反应的食物也不合适，另外冰冷的食物也应该尽量避免。

三、乳糖不耐受

乳糖是乳制品中存在的碳水化合物，是宝宝主要的能量来源。当宝宝摄入牛奶或奶类制品时，由于体内缺乏一种“乳糖酶”，导致乳糖无法分解，最终出现腹胀、肠鸣、排气、腹痛、腹泻等现象被称为乳糖不耐受。

乳糖不耐受分为原发性和继发性。前者一般来自父母的遗传或其他不明原因；后者常见于小肠的疾病、损伤或手术之后，小肠乳糖酶产生减少所致。

如果宝宝曾经患严重的腹泻，身体有可能会暂时无法生成足量的乳糖酶。腹泻1~2周左右，宝宝就可能会有继发乳糖不耐受的症状。给宝宝大量使用广谱抗生素也会引起继发性乳糖不耐受。

有些药物也会使身体分泌乳糖酶的水平降低，从而造成暂时性的乳糖不耐受。患有长期肠胃不适病症（例如脂泻病或节段性肠炎）的人有时候也会出现乳糖不耐受。

1．宝宝乳糖不耐受的症状

如果宝宝患乳糖不耐受，可能会在喝母乳或吃其他乳制品（例如开始吃辅食后吃的奶酪或酸奶）之后30分钟至2小时之间出现腹泻、腹部痉挛、腹胀或放屁等现象。

乳糖不耐受和牛奶过敏不同，牛奶过敏是身体免疫系统的反应，而乳糖不耐受则是消化系统的问题。但是这两者的症状很相似，例如，牛奶过敏或乳糖不耐受都可能吃完乳制品后就腹痛或腹泻。如果宝宝每次吃完乳制品都会出现干燥瘙痒的皮疹或面部、嘴唇、口腔肿胀发痒，或者出现荨麻疹、流泪、流鼻涕等症状，那么宝宝可能是对牛奶蛋白过敏。

2．宝宝出现乳糖不耐受情况的应对方法

（1）对于因腹泻或药物的原因引起的继发性乳糖不耐受，可以暂时更换为不含乳糖的婴儿配方奶粉，待宝宝的肠道症状恢复正常后再逐渐替换为含乳糖的婴儿配方奶粉。

（2）仔细阅读食物成分表。尽量让宝宝避免吃乳制品和其他所有含乳糖的食物。

（3）观察宝宝的反应。有些“乳糖不耐受”的人可以消化少量乳糖，而有些人则对一丁点儿乳糖都非常敏感。通过一系列尝试和观察，就会知道宝宝能吃哪种奶制品以及能承受多大的量。

（4）少量多次摄入乳制品可减轻或不出现乳糖不耐受症状。即使乳糖酶缺乏的宝宝，也可耐受少量乳类，不会出现完全不耐受的症状。所以，妈妈给宝贝喂哺母乳，也可采取少量多次食用的方法，一次食用量不超过250ml为宜。同时还要限制一天中摄入乳糖总量。总之，只要新妈妈每次哺乳时能掌握合理的间隔时间和每日摄入奶的总量，就可避免宝贝出现乳糖不耐受的症状。

四、溢奶

溢奶是给宝宝哺乳时很常见的一种问题，就是给宝宝喂奶后，奶水从宝宝口中流出的现象。宝宝溢奶时可能表现出弓背、过分哭闹，喂奶中间容易发怒、咳嗽，食欲减退或吃奶量减少。

1. 溢奶的原因

一般情况下，婴儿出现吐奶、溢奶状况的主要原因是小宝宝的胃比较浅，并且食管下1/3的环状括约肌尚未发育完全。在喂食后，因为胃部胀大产生压力，括约肌的收缩强度又不足以阻止胃部食物回流，所以宝宝往往会出现吐奶、溢奶的现象。这种情况多发生于刚出生婴儿。一般情况下，宝宝6~12个月大的时候，随着食管肌肉力量增强，溢奶问题会自行消失。

2. 防止宝宝溢奶的方法

（1）吃奶的时候让孩子不要吃的太急，可以用一种剪刀式的哺乳方式，将母乳的乳腺导管压住几个，奶流速度就慢了，让孩子不要吃的过急。

（2）在吃奶中间可以停一下哺乳，给孩子拍拍背，因为有的婴儿胃里积气比较多，孩子不舒服，就会有大量吐奶的情况。吃完奶之后再做一个拍嗝是很重要的，用中空的手掌给孩子拍背、轻轻地振动，孩子会很舒服。有的孩子吃奶以后20分钟、半个小时还会吐奶，这种孩子吃完奶以后要进行1~2次甚至3次的拍嗝，一次拍嗝可能不会完全有效果，要是孩子如果没有很好的打嗝，没完没了的话，孩子会有疲劳感。孩子一般会使劲地扭动身体，面部发红，上肢使劲，这个时候把孩子及时抱起来，孩子一般都会打出一个很大的嗝。

（3）孩子吐奶的时候，家长一定要及时将孩子的身体侧过来，目的是让孩子口内的奶从嘴角尽快流出来，如果孩子在仰卧状态，在吐奶之后，你给他擦拭的过程中，嘴里还有残留的奶，如果这个时候孩子呼吸，容易呼吸到肺里面。应该侧卧，然后再清理干净，对孩子应该是没有任何损伤的。

（4）观察孩子是否吃饱，一般来说吃奶的时候，孩子自动停止吃奶，然后面容很舒服的感觉，另外情绪、状态都不错，自动松开奶头，这个时候一般来说都是孩子吃饱了。

（5）接着观察孩子多长时间才饿，吃完奶以后如果2.5~3小时左右又开始饥饿状况，这个时候就说明第一次吃奶是吃的比较够的，比较足的。

（6）看孩子吃奶是否吃饱的一个标准就是孩子的体重增长情况，如果体重增长的很好，正常，说明孩子奶量是够的。就您这个孩子来说，如果体重已经超标了，估计不存在奶量不够的问题。

（7）另外，夜间的话孩子会哭会醒，这个时候妈妈用奶头马上放到孩子嘴里面，孩子立刻就不哭了，这种情况下他在条件反射的情况下会吸奶，但是这个时候他可能不饿。这种孩子吃奶相对有一个时间间隔，不要孩子一哭，一动马上就喂奶，这种容易喂超量，所以您的孩子的体重是稍微偏大的。

第二节　保温篇

体温是一种信号，它提醒家长宝宝的健康状况，是否感染疾病，是否为宝宝增减衣物及调节室温。一般室温维持在25~28℃是最适合宝宝的。

测量体温的正确方法

新生儿口腔狭小且不能配合，所以口表绝对禁用。一般测腋温、肛温来了解孩子的体温变化。肛门测温较麻烦，平时少用，但当孩子有病，皮肤温度不能反映真实体温时，就必须用肛表测直肠温度。

口温测量：将温度计擦洗干净，确保温度计上面的计数在35℃以下，然后置于婴儿口中（这种方法不建议太顽皮的孩子使用，防止婴儿乱咬，造成意外伤害），一般情况下需要放置5分钟左右。婴儿的体温会偏高一些，37℃不算发热，但是要注意观察，确保温度不继续升高。

腋下测温：把体温表感应端放在一侧腋窝正中用上臂紧夹即可，要确保婴儿之前没有剧烈运动比如大声哭泣，腋下不能有汗液，进食之后不易立即测量。如果有的话，等待婴儿平静的时候测量。测量时还要确保温度计被夹紧。一般测量时间5~10分钟。该处测温也较方便，只需稍为解松一些衣服即可，其所得结果的正确性较颈部为高，受室温干扰少，若高于37.5℃则表示发热。

肛门测温： 肛温测量最准确，使用前要先将温度计度数甩到35℃以下，将肛门体温表的水银感应头蘸食物油或甘油少许，分开臀沟后插入肛门2～3cm，以手固定肛表，测量时间一般2～5分钟即可，高于38℃即为发热。该处测温虽较麻烦，但最正确，故有病时应用肛门测温为好。

宝宝体内的温度调节器尚未发育完善，汗腺也不够发达，所以，宝宝的体温会时高时低。宝宝体温在正常情况下，也可能有波动，如喂奶、饭后、活动、哭闹、衣服过厚、室温过高等都可使小儿的体温有暂时性的增高。相反，如果饥饿、保暖条件差等也可使小儿体温降低。一般情况下，宝宝的体温都要高于成人，正常的0~1岁宝宝的腋下体温为36～37.5℃，肛温为36.9~37.5℃，体温在正常范围内呈周期性的波动。如果宝宝保暖比较好，那体温就会稍高一些。清晨时体温最低，清晨7：00～9：00上升并逐渐稳定，一般下午体温比上午高0.2℃。

一般来说，宝宝体温超过37.5℃时，可以采取减少宝宝衣物、盖被、温水擦拭或用温毛巾外敷等方法来降温，并于30分钟至1小时后再测量体温，若仍发热则应送医治疗。

小贴士

急需返诊的情况：如果宝宝体温高于38.5℃要及时就诊。

日常生活中，家长一般对体温过高比较关注，而对体温过低往往缺乏警

惕。实际上对于宝宝来说，体温过低的情况远比体温过高严重。因为早产儿不能维持正常体温、反应性差，在本来应出现高热的时候，体温反而会低于正常。新生儿败血症、重症肺炎等比较严重的疾病，都会出现这种现象。所以，一定要特别重视宝宝体温过低。

新生儿低体温是指核心（直肠）体温≤35℃，以体温过低、体表冰冷、反应低下为特征。体温过低的机制是产热减少或散热增多，或两者兼有。低体温不仅可引起皮肤硬肿，并可使体内各重要脏器组织损伤，功能受累，甚至导致死亡。

当宝宝的腋温36.5℃以下时，给宝宝增加盖被、衣物，或提高室内温度。30分钟至1小时后再测量宝宝体温，若仍未上升，应送医就诊。

小贴士

急需返诊的情况：如果宝宝体温低于35℃，要及时就诊。

小贴士　宝宝怎么穿最舒服

当早产宝宝出院回家之后，已经会慢慢地控制体温，但他仍缺乏足够的皮下脂肪来御寒，汗腺的功能也还没有完全发展好，因此，不容易由宝宝是否出汗来辨别是否穿太多。不过，你可以根据室温来确定宝宝衣服的增减：

温度	所需衣服
27℃以上	一件上衣加上尿裤即可
24~27℃	一件上衣加上一件薄外套
22~24℃	一件纱布衣、一件棉衣，再加上一件长的外袍
22℃以下	除了上三件外，再加一件毛毯及一顶帽子

以上是使婴儿感到最舒服的穿法，但在婴儿生病时例外。因为婴儿生病时，可能身体调节温度的能力会暂时不稳定，需要多穿一件衣服，或有发热时要少穿一件。

第三节　呼吸篇

一、如何判断宝宝呼吸是否正常

早产宝宝出现呼吸异常的现象是比较常见的。我们可以从以下三个方面来观察宝宝呼吸是否有异常的情况。

1. 呼吸的频率

正常的呼吸次数，根据年龄不同，呼吸的次数也不同。一般年龄越小，呼吸越快。新生儿每分钟44~40次；6个月~1岁每分钟35~30次；1~3岁每分钟30~25次；4~7岁每分钟25~20次；8~14岁每分钟20~16次，接近成人呼吸次数。若运动和情绪激动可使呼吸暂时加快，休息或睡眠时呼吸恢复正常。

如果宝宝的呼吸频率超过以下次数，则为呼吸增快。

2个月以内的宝宝，呼吸频率≥60次/分；2~12个月的宝宝，呼吸频率≥50次/分；1~5岁的宝宝，呼吸频率≥40次/分。

当然，如果宝宝出现呼吸过慢，甚至呼吸暂停，这也属于呼吸异常。

2. 呼吸的节律和深度

宝宝在安静的状态下，呼吸平顺而有规则，并且有一定的深度。如果看到宝宝呼吸不规则，呼吸费力，鼻翼扇动，喘息式呼吸，甚至看到宝宝的胸壁下部在吸气时出现凹陷，即为呼吸异常。

3. 呼吸的声音

宝宝在正常情况下呼吸没有声音，宝宝出现呼吸异常时，呼吸的声音会变得很大、嘈杂，甚至可以听到喘鸣声、哮鸣声等。宝宝呼吸有杂音时的应对方法见表3-3。

表3-3 宝宝呼吸有杂音时的应对方法

症状	可能原因	应对方法
杂音较弱、生长发育正常	喉头软化症	在家观察
杂音伴呼吸急促、发绀	气管异物	紧急就医
睡眠时杂音较强	腺样体肥大以及咽部肌张力低下	就医观察
咳嗽、流鼻涕、发热	呼吸道感染	就医治疗

二、测量方法

家长可观察小儿的胸部或腹部起伏的次数，一呼一吸为1次，其呼吸次数，以1分钟为计算单位。除计算呼吸次数外，还应观察其深浅及节律是否规则。若呼吸浅，不易计数时，可用棉絮贴于病人鼻孔处；以棉絮的摆动来计数呼吸次数。一般每呼吸1次，心跳和脉搏3～4次为正常情况。若出现呼吸异常增快或减慢，以及不规则呼吸，如时快时慢；急促呼吸的过程中间有叹息样表现或连续吸2次呼1次的现象等，均为异常表现，系病重的征兆，必须引起家长重视。

注意事项：检查呼吸次数，在宝宝安静或熟睡时进行最佳。可在测量脉搏后，将手指留在远处不动，接着测呼吸次数，以免小儿精神紧张而影响呼吸规律。

呼吸暂停是新生儿尤其早产儿常见的临床症状，发病率很高。约40%~50%的早产儿在新生儿期出现周期性呼吸。有周期性呼吸的早产儿约半数发展为呼吸暂停。这是因为早产儿呼吸中枢发育不成熟，易引起呼吸调节障碍。新生儿呼吸暂停还可由缺氧、体温变化、低血糖、酸中毒等引起。

呼吸暂停指一段时间内无呼吸运动，即呼吸停止20秒或更长多伴有青紫和心率减慢（<100次/分）。呼吸暂停是一种严重现象，如不及时处理，长时间缺氧可引起脑损伤甚至死亡。

一、呼吸暂停的处理

早产儿父母在日常看护宝宝的过程中，要多观察孩子的呼吸。当孩子呼吸正常时可见胸廓和腹部上下有节奏的起伏，面色红润；当呼吸暂停发生时，首先婴儿胸廓和腹部不动了，继而面色青紫，如果摸脉会发现孩子脉搏细弱，渐渐缓慢甚至停止。如果发现宝宝呼吸暂停时，不要慌张，大部分的呼吸暂停经过刺激后，都能恢复呼吸，等宝宝中枢神经系统渐渐成熟后，症状就会改善。

一般情况下，只要轻轻拍打婴儿一下，他的呼吸会很快恢复，如果还不恢复呼吸则表明呼吸停止时间过长，或由于奶液吸入引起窒息，此时需要把孩子的头偏向一侧，并给予更强烈的刺激如用力拍打足跟，吸出口鼻内奶液，直至就医。

喂奶当中若发现宝宝脸色发白、变青时，应立即停止喂奶，将宝宝的脸侧向一边，避免吐奶或呛奶，再轻拍宝宝背部，等呼吸恢复、脸色红润后，再继续喂。若情况严重或短时间内无法回复，则需立即就医，或家中原备有氧气者，此时需给孩子吸些氧气。

若睡眠中呼吸暂停，让宝宝右侧卧位，再轻拍背部或手脚，刺激宝宝呼吸。

如果呼吸暂停的次数越来越多，可能合并其他疾病，应送医诊治。

二、呼吸暂停的预防

早产儿在体温过高或过低时，喂奶后和咽部受到刺激时均易发生呼吸暂停。胃内容物刺激喉部黏膜化学感受器，以及酸性溶液进入食管中段胃食管反流，可反射性地发生呼吸暂停。因此在给早产儿喂奶时必须密切观察，即使未呕吐，少量奶汁反流即可引起呼吸暂停。早产儿若颈部向前弯或气管受压时也易发生呼吸暂停，在护理早产儿时切忌枕头太高，用面罩吸氧时，面罩下缘应放在颏部，如放在颏下可使气管受压发生呼吸暂停。

慢性肺病宝宝的居家护理

由早产儿呼吸系统疾病导致慢性肺部病变，临床表现为慢性氧依赖的状况，称为慢性肺疾病（chronic lung disease，CLD），又称支气管肺发育不良

（bronchopulmonary dysplasia，BPD）。造成早产儿慢性肺疾病最常见的原因是支气管与肺的发育障碍、反复吸入性肺炎、肺部感染和先天肺部发育不良等。

目前，随着医疗技术的发展进步，早产儿和极低体重儿的存活率提高了，但对应的是慢性肺疾病的发生率也逐渐地增加，此病是早产儿重症监护病房中最为棘手的问题之一。慢性肺疾病宝宝出院回家后，父母要精心护理，尤其是预防宝宝被感染。

1. 必要的装备

如氧气筒、胃食管、吸痰管等，视宝宝出院的情况而定。

2. 预防感染

（1）减少亲友的探访。

（2）2岁以内避免到公共场所，如商场、餐厅、人多拥挤处。

（3）室内禁止吸烟。

（4）照顾者需保持双手清洁。

（5）患有传染病者勿与婴儿接触，避免小宝宝感染。

3. 宝宝喂养

（1）母乳喂养：喂食母奶至少6个月，以降低1岁以前呼吸道合胞病毒的感染，以及1岁以后发生哮喘的机会。

（2）喂养食量：刚出院的宝宝，前3天内，喂食量可以维持与医院时一样，待适应家里的环境后再逐渐加量，因为环境的变迁对婴儿的影响比较大，尤其是胃肠的功能。

（3）喂食方式：采用少食多餐的喂养方式。宝宝每喝奶1分钟，便将奶瓶抽出口腔，10秒后，再继续喂养，如此间断的喂食，可减少吐奶的发生以及减少对呼吸的压迫。

一、发绀

发绀也称青紫或紫绀，是早产儿疾病常见症状。发现宝宝有发绀的症状，应当立即引起注意，及时就诊和治疗，以免引起病情恶化。

对于新生儿发绀，要及时给以吸氧治疗。发绀提示体内缺氧，有可能对新生儿的脑、心、肾、肺等重要器官造成损害，以致影响其智力和身体发育。

家庭护理：

（1）在护理早产宝宝时应注意保暖。若发绀仅限于四肢末端、耳轮、鼻尖等体温较低部位的周围性发绀，保暖后即可改善。

（2）保持宝宝呼吸道通畅，防止奶及呕吐物呛人气管。婴幼儿全身性发绀伴有呼吸困难者，应考虑奶或呕吐物呛入，并立即用吸管将其吸出，并给氧，及时送医。

（3）在家里，可以制氧器产氧来满足宝宝对氧气的需要。但是一定要选择绝对安全的器械设备，制氧机要无任何副作用。家庭制氧器的使用为宝宝缺氧的救治赢得时间，避免因缺氧时间长而造成脏器发育和智力发育不可逆转的损伤。

二、鼻塞

宝宝鼻塞主要是与其呼吸系统有关，宝宝不会用口呼吸，如果鼻子有分泌物，会影响到呼吸。一般表现为烦躁、哭闹、吃奶差或无法吸吮。爸妈在家可以给宝宝使用吸鼻器，保持家里的清洁卫生等，都可缓解宝宝鼻塞情况。

家庭护理：

（1）温湿毛巾：如果是因感冒等情况使鼻黏膜充血肿胀时，可用温湿毛巾敷于鼻根部，能起到一定的缓解作用。

（2）滴鼻子：如果效果不理想，严重鼻塞可用0.5%盐酸麻黄素滴鼻子，每侧一滴。每次在吃奶前使用，以改善吃奶时的通气状态。每天使用3~4次，次数不能过多，不宜长期使用，因过多使用可能造成药物性鼻炎。

（3）吸鼻器：妈妈可以定期给宝宝使用吸鼻器吸走鼻水和黏液，但不要太用力，轻轻吸就可以了。

（4）勤清洁卫生：为了减低家中的过敏原，爸妈要勤换床单，经常吸尘，这些可以减低宝宝鼻敏感的情况。

如果上述这些方法尝试过后，宝宝还是鼻塞严重，甚至发生青紫时，应该及时到医院就诊。

三、喉鸣

新生儿喉鸣指出生时或出生后数周内出现的喉部喘鸣声音，是由于在呼吸时气流通过狭窄的气道段所引起，可由多种病因造成气道狭窄段。好发于冬春季节。在婴幼儿期最常见，特别是早产儿和婴幼儿。重者可致呼吸困难甚至呼吸衰竭。

喉鸣多由喉部或靠近喉部组织的疾病所致。常见的原因：先天性喉疾病、后天性喉疾病、声带麻痹、先天性喉部肿瘤、先天性大血管异常、先天性小下颌畸形等。

新生儿最常见是先天性喉鸣，也称作喉软骨软化病，是婴幼儿因喉部组织软弱松弛、吸气时候组织塌陷、喉腔变小所引起的喉鸣。常发生于出生后不久。随着年龄增大，喉软骨逐渐发育，喉鸣也逐渐消失。表现为婴儿出生时呼吸尚正常，于出生后1～2个月逐渐发生喉鸣。

随着年龄的增长，其喉头间隙会逐渐增大，喉软骨也会发育好，绝大多数孩子在2岁左右，这种声音就会消失。要精心照管好孩子，避免感染气管炎、喉炎和肺炎。要让孩子多晒太阳，多做户外活动，及时给孩子补充钙片和维生素D。

四、咳嗽

宝宝咳嗽是为了排出呼吸道分泌物或异物而做出的一种机体防御反射动作。也就是说，咳嗽是宝宝的一种保护性生理现象。

如果咳得过于剧烈，影响了饮食、睡眠和休息，那它就失去了保护意义。因此对于咳嗽，一定要鉴别是何种原因引起的，再对症处理。3岁以下的小儿咳嗽反射较差，痰液不易排出，如果父母一见小儿咳嗽，便给予较强的止咳药，咳嗽暂时停止，但痰液不能顺利排出，大量积在气管和支气管内，会造成气管堵塞。因此，绝不可一听咳嗽，马上就认为是感冒、肺炎，做出盲目治疗。另外，小孩早上起床有几声轻轻的咳嗽，这是生理现象，只是清理晚上积存在呼吸道的黏液，父母不必担心。

1. 普通感冒引起的咳嗽

特点：多为一声声刺激性咳嗽，好似咽喉瘙痒，无痰。不分白天黑夜，不伴随气喘或急促的呼吸。

症状：宝宝嗜睡，流鼻涕，有时可伴随发热，体温不超过38℃。精神差，食欲不振，出汗退热后，症状消失，咳嗽仍持续3～5日。

原因：四季流行，温差变化大时多见，一般都有受凉经历，如晚上睡觉蹬被、穿衣过少、洗澡受凉等。

医生意见：一般不需特殊治疗，多喂宝宝一些温开水、姜汁水或葱头水。尽量少用感冒药，宝宝烦躁、发热时，可给少许小儿欣口服；切忌使用成人退热药，不宜喂止咳糖浆、止咳片等止咳药，更不要滥用抗生素。

2. 冷空气刺激性咳嗽

特点：咳嗽初为刺激性干咳。

症状：痰液清淡，不发热，没有呼吸急促和其他伴随症状。

原因：冷空气是单纯物理因素，刺激呼吸道黏膜引起刺激性咳嗽。好发于户外活动少的宝宝，宝宝突然外出吸入冷空气，娇嫩的呼吸道黏膜就会出现充血、水肿、渗出等类似炎症的反应，因而诱发咳嗽反射。最初没有微生物感染，但持续时间长了，可继发病毒细菌感染。

医生意见：让宝宝从小就接受气温变化的锻炼。经常带宝宝到户外活动，即使是寒冷季节也应坚持，只有经受过锻炼的呼吸道才能够顶住冷空气刺激。

3. 流感引发的咳嗽

特点：喉部发出略显嘶哑的咳嗽，有逐渐加重趋势，痰由少至多。

症状：伴随明显卡他症状（泪、涕、呼吸道分泌物增多），常伴有38℃以上高热，一般不易退热，时间持续1周；高热时咳嗽伴呼吸急促，宝宝精神较差。

原因：病毒感染引起，多发于冬春流感流行季节，常有群发现象。

医生意见：疑似流感，应立即就医，明确诊断，在医生指导下治疗。

4. 咽喉炎引起的咳嗽

特点：咳嗽时发出“空、空”的声音。

症状：声音嘶哑，有脓痰，咳出的少，多数被咽下。较大的宝宝会诉咽喉疼痛；不会表述的宝宝常表现为烦躁、拒哺。

原因：咳嗽多为炎症分泌物刺激，常因受寒引起。

医生意见：及时就医，明确诊断后对症治疗。

5. 过敏性咳嗽

特点：持续或反复发作性的剧烈咳嗽，多呈阵发性发作，宝宝活动或哭闹时咳嗽加重，夜间咳嗽比白天严重。

症状：痰液稀薄、呼吸急促。

原因：由抗原性或非抗原性刺激引起，以花粉季节较多。

医生意见：对家族有哮喘及其他过敏性病史的宝宝，咳嗽应格外注意，及早就医诊治，明确诊断，积极治疗，阻止发展成哮喘病。

6. 气管炎性咳嗽

特点：早期为轻度干咳，后转为湿性咳嗽，有痰声或咳出黄色脓痰。

症状：早期有感冒症状，如发热、打喷嚏、流涕、咽部不适。

原因：多见于年龄稍大的宝宝，主要由呼吸道感染引起。

医生意见：初起感冒症状明显时可用感冒药，发热可用退热药、祛痰剂，不宜使用止咳药。痰多或呈脓性表明是继发细菌感染，应根据医生意见选用适当抗生素治疗。若未经有效控制，可能发展为肺炎。

7. 细支气管炎性咳嗽

特点：刺激性干咳，可以咳出较多痰液。

症状：咳嗽伴发热、呼吸急促和喘憋。

原因：病毒进犯细支气管的黏膜引起炎症，以6个月内的宝宝最多见。

医生意见：如果宝宝出现呼吸困难或是无法进食、喝水，应及时就医。如果症状较轻（只是气喘而未出现呼吸困难等症状），你可以在宝宝房间里放一个加湿器，帮助宝宝祛除肺部的黏液，并给宝宝喝足够多的水。

8. 其他疾病引起的咳嗽

（1）百日咳

特点：咳嗽日轻夜重，连咳十几声便喘不过气来，咳嗽末还带有吸气的鸡鸣声。

症状：喷嚏、低热、咳出大量黏稠痰。

（2）反流性食管炎

特点：进食后出现气喘及持续沙哑的咳嗽。

症状：在吞咽食物的时候有灼热感，或者出现呕吐或喷射吐症状。

（3）异物吸入

特点：玩耍或进食时突然呛咳不止。

症状：吸气困难、口唇发绀。

（4）肺炎

特点：刺激性咳嗽、有痰。

症状：发热、气急、鼻翼扇动。

（5）肺结核

特点：反复干性咳嗽。

症状：消瘦、盗汗、午后低热。

（6）义膜性喉炎

特点：强烈的干咳，类似海豹的吼叫声。

症状：日轻夜重、伴低热。

9. 家庭缓解方案

（1）夜间抬高宝宝头部：如果宝宝入睡时咳个不停，可将其头部抬高，咳嗽症状会有所缓解。头部抬高对大部分由感染而引起的咳嗽是有帮助的，因为平躺时，宝宝鼻腔内的分泌物很容易流到喉咙下面，引起喉咙瘙痒，致使咳嗽在夜间加剧，而抬高头部可减少鼻分泌物向后引流。还要经常调换睡的位置，最好是左右侧轮换着睡，有利于呼吸道分泌物的排出。

爱心叮咛：咳嗽的宝宝喂奶后不要马上躺下睡觉，以防止咳嗽引起吐奶和误吸。如果出现误吸呛咳时，应立即取头低脚高位，轻拍背部，鼓励宝宝咳嗽，通过咳嗽将吸入物咳出。

（2）水蒸气止咳法：咳嗽不止的宝宝在室温为20℃左右，湿度为60%~65%左右的环境下症状会有所缓解。如果宝宝咳嗽严重，可让宝宝吸入蒸汽；或者抱着宝宝在充满蒸汽的浴室里坐5分钟，潮湿的空气有助于帮助宝宝清除肺部的黏液，平息咳嗽。

（3）热水袋敷背止咳法：热水袋中灌满40℃左右的热水，外面用薄毛巾包好，然后敷于宝宝背部靠近肺的位置，这样可以加速驱寒，能很快止住咳嗽。这种方法对伤风感冒早期出现的咳嗽症状尤为灵验。

爱心叮咛：给宝宝穿上几件内衣再敷，千万不要烫伤宝宝。

（4）热饮止咳法：多喝温热的饮料可使宝宝黏痰变得稀薄，缓解呼吸道黏膜的紧张状态，促进痰液咳出。最好让宝宝喝温开水或温的牛奶、米汤等，也可给宝宝喝鲜果汁，果汁应选刺激性较小的苹果汁和梨汁等，不宜喝橙汁、西柚汁等柑橘类的果汁。

五、吐沫

新生儿由于神经系统和大脑都尚未发育完善，会出现各种各样奇怪的动作和表情，小儿吐唾沫很常见，多属于正常的生理现象。

意见建议：如果宝宝无明显的吐奶或其他任何异常情况，可不必太担心。另外，要仔细察看宝宝口腔局部有无病变，若一切正常，可继续观察，或带宝宝到医院检查。

六、睡眠呼吸暂停综合征

睡眠呼吸暂停综合征（SAS）是指睡眠中口、鼻气流停止10秒以上（早产儿可长达20秒，儿童6秒或以上），分为中枢性（CSA）、阻塞性（OSA）和混合性三类，其中以阻塞性最常见，占90%。中枢性呼吸暂停指口鼻气流停止，不伴有呼吸运动；阻塞性呼吸暂停指口鼻气流停止，但存在呼吸运动；混合性呼吸暂停指阻塞性呼吸暂停伴随中枢性呼吸暂停。

临床以睡眠时打鼾、呼吸暂停、白天嗜睡等为特点，会引起婴幼儿包括中枢神经系统在内的生长、发育迟滞，严重影响小儿认知、行为及生理功能的发育和完善，威胁宝宝的健康成长。

SAS治疗主要有对因及对症处理两个方面，包括扁桃体摘除、腺样体摘除、经鼻持续气道正压通气、行为矫治（如睡眠时的体位）、气管造口术、限制热卡摄入以减轻体重等。

七、婴儿猝死综合征

婴儿猝死综合征（sudden infant death syndrome，SIDS），也称摇篮死亡，系指外表似乎完全健康的婴儿突然意外死亡。发病率一般为1‰～2‰，其分布是全世界性的，一般半夜至清晨发病为多，几乎所有婴儿猝死综合征的死亡发生在婴儿睡眠中，常见于秋季、冬季和早春时分。

SIDS发生的病因、病理及机制等目前尚不十分清楚，医生和研究者已经认识到并不是哪一个单纯的因素导致了该症，它应该是诸多因素联合产生的结果。已发现的危险因素有俯卧、侧身睡眠时脸朝下或脸被覆盖、与其他人同睡、被褥过于柔软、感染、过热以及父母吸烟、嗜药、酗酒等；另外，可能因素包括脑部缺陷、免疫系统异常、新陈代谢紊乱、呼吸调节机制发育不足或心跳失调等。

预防护理

虽然现在的医学技术还没有特别的方法能诊断SIDS的发生，但如果父母能做到以下几点，也可以降低宝宝发生SIDS的风险。

（1）保证宝宝睡眠安全：这是你为保护宝宝所能做的最重要的一件事。宝宝应该被安置为仰卧位睡眠（严重的胃食管反流者除外）。俯卧位和侧卧位是婴儿易于发生SIDS的体位，应避免。你要确保其他人，比如亲戚、保姆都知道——不能让你的宝宝趴着睡。当然，到你的宝宝五六个月大时，他能够自己向两侧翻身了，危险性就已小得多，家长可以不用担心他自己翻到俯卧位置的问题。

（2）做好孕期保健：做好孕期保健可以降低早产儿和低出生体重儿发生的风险，保证婴儿出生后的健康，包括定期看医生、饮食均衡、不使用毒品、勿滥用药物、不饮酒、怀孕期间不抽烟。为母儿提高最合适的围生期条件，加强免疫以减少感染的发生。

（3）别让婴儿吸二手烟：这是降低婴儿猝死综合征的发生的又一关键。让婴儿周围的空气——在家里、在车上和在其他环境中都是无烟的。如果父母觉得自己没法戒烟，就到房子外面去抽烟，而且要让其他家庭成员或客人也这样做。

（4）仔细挑选婴儿的床上用品：让你的宝宝睡在稳固、平坦的床垫上，床单要能绷紧床垫，别松松垮垮的。也不要在婴儿的床上放毛绒玩具或其他软的东西。给婴儿盖尽可能薄的被子，只要足够保温，盖到婴儿的胸部即可，其余三边卷到褥子下面。如果你觉得宝宝会冷，再给他穿暖和点儿的衣服就可以了，比如带脚套的睡衣，或者给他套一件连体衣，放到“婴儿（无袖）睡袋”里，这些都能够减少婴儿猝死综合征发生的风险。

（5）避免婴儿过热：要避免婴儿睡觉时过热，因为过热会增加婴儿猝死综合征的发生概率。注意不要把婴儿包得太紧，也不要用毯子把婴儿的头盖住。婴儿睡觉的房间也不能太暖和，只要穿单衣的成年人觉得舒服的程度就可以。婴儿表现出过热的信号有，出汗、头发潮湿、长痱子、呼吸急促、睡不安稳甚至发热等。

（6）避免接触传染源：婴儿猝死综合征有时会和呼吸或肠胃感染一并发生。所以最好让其他人在抱自己的孩子之前将手洗净，同时还要尽可能避免婴儿接触生病的人。

（7）婴儿与父母同房但不同床睡：父母可以把宝宝的婴儿床或摇篮放在床旁，这样既能与宝宝很亲近，随时注意宝宝的状况，又能让他睡自己的小床，避免同床睡眠所带来的婴儿猝死综合征的风险。

（8）使用安慰奶头：使用安慰奶头能降低SIDS发生率，尤其在长睡眠期使用。如果婴儿拒绝或婴儿已熟睡后，则无必要使用。安慰奶头减少SIDS发生的机制可能与减低觉醒阈值有关。使用安慰奶头的副作用是婴儿咬合不正的发生率增高，但停用后可恢复；长期使用的婴儿发生中耳炎、肠道感染和口腔内念珠菌定植的概率增高。

家中呼吸支持的方法和要求

一、氧气的使用

氧气的使用包括如下内容。

（1）低流量氧气给予。

（2）氧气的调整依据血氧浓度而增减，一般维持在94%~96%左右，每次调0.5~1L/min。

（3）若使用鼻导管，须维持导管通畅。

（4）禁止吸烟、隔绝助燃物，且勿同时使用太多电器用品。

（5）须注意固定氧气筒，勿使其摔倒。

（6）保持氧气的温暖潮湿：潮湿瓶中正确的水量，可预防呼吸道受刺激，并维持呼吸道内纤毛的最佳活动。

（7）在家里随时保存2~3天的氧气量。

二、叩击、排痰

1. 叩击

叩击是用手叩打胸背部使呼吸道分泌物松脱而易于排出体外的技术。可以购买婴儿拍痰器进行，操作方法如下：

（1）宝宝取仰卧或俯卧位，操作者将手固定成背隆掌空状或用婴儿拍痰器；

（2）放松腕、肘、肩部，有节奏地叩击需引流的部位；

（3）叩击时可听见空洞声；

（4）不可叩击脊椎骨、胸骨或超过胸腔或伤口部位，以防损伤组织；

（5）每天叩击数次，每次3~5分钟。

2. 体位排痰

将宝宝置于合适的体位，借重力的作用将肺及支气管内所存积的分泌物引流至较大的气管，排出体外的过程。操作方法及步骤：

（1）根据病变部位采取不同姿势作体位引流。

（2）引流时，用手（手心屈曲呈凹状）轻拍宝宝胸或背部，自背下部向上进行，直到痰液排尽。对于较小的宝宝可用拍痰器代替手部。每次5~10分钟。

3. 注意事项

（1）应在喂奶前30分钟或喂奶后1小时进行。

（2）不可叩击脊椎骨、胸骨或超过胸腔部位或伤口部位。

（3）每次叩击约3~5分钟，若有呼吸困难等不舒适的情况，应立即停止。

（4）引流时需注意安全，给予适当的卧姿，小心固定宝宝，预防跌落。

（5）引流期间，须观察宝宝之肤色及呼吸状况，若有任何不适，立即停止。

（6）若宝宝可忍受，每个部位约引流5~10分钟。

（7）若宝宝有心脏病或其他疾病时，应遵守医嘱。

三、吸痰

1. 物品准备

吸痰管（依据年龄选择不同号码）、吸痰手套、吸痰器、清水、消毒水。若为小婴儿，可于孕婴店购买婴儿吸痰器。

2. 操作步骤

（1）洗手（操作前应先洗手、避免感染）。

（2）抽吸器压力维持在80~100mmHg或8~10cmHg。

（3）打开吸痰管并戴上吸痰无菌手套。

（4）吸痰顺序：气切套管→口腔→鼻腔；无气切套管时，则先吸口腔再吸鼻腔。

（5）吸痰管放入时，动作轻柔，勿抽吸；放到适当深度时往外抽吸，勿旋转。

（6）吸痰时要密切观察婴儿的唇色、肤色及血氧浓度变化。

（7）吸完痰再抽清水冲净管内的痰液。

3. 吸痰器（管）消毒

（1）吸痰器在使用后，先倒掉瓶内污物，再拆下橡胶球、橡胶管等部件清洗、消毒。

（2）吸引管，玻璃瓶，橡胶管应拆开后在100℃高温中进行3~5分钟灭菌消毒。

（3）橡胶球要用医用消毒液进行消毒，消毒时将橡胶球进气口浸入消毒液内，用手指挤压橡胶球数次，使消毒液进入球内，完毕时将球捏起挤尽球内液体。

4. 注意事项

（1）吸痰管每用一次应更换，勿反复使用（吸痰手套亦同）。

（2）不适当的抽吸会使气管黏膜破裂，有血丝痰，故吸痰压力应特别注意。

（3）吸痰时，密切注意肤色，若有异常应立即停止抽吸。

（4）每次抽吸时间不可太长，不可超过15秒。

小贴士　急需返诊的情况

（1）呼吸暂停次数愈来愈多。

（2）呼吸不规则、胸凹更加明显、异常出汗、氧气需要量增加。

（3）活动力变差、哭声弱或尖锐、嗜睡、无力。

第四节　胃肠篇

早产儿吸吮能力差、吞咽功能不协调，且胃肠功能发育尚不完善，喂养时肠胃问题发生的可能性比足月儿高。常见的肠胃问题包括：呕吐、腹泻、便秘、肠胃道感染及胃食管反流。

早产儿肠胃常见问题

1. 吸吮和吞咽反射

婴儿是靠吸吮和吞咽来摄取奶液的，但是，早产儿吸吮和吞咽的协调功能要到34周才能成熟，这些功能如果不成熟，不仅会妨碍经口摄入的充足喂养，而且也容易造成呼吸道吸入。

2. 胃容量

早产儿胃容量很小，胃窦和十二指肠动力也不成熟，两者之间缺乏协调的活动，其收缩幅度、传播速度及下食管括约肌压力均是降低的，胃的排空也较慢，因此，早产儿比足月儿更易发生胃食管反流。

3. 胃肠动力

胃肠道的蠕动促进食物在胃肠道的消化，早产儿胃肠道动力不成熟，胃肠蠕动往往很弱。胎龄小于31周的早产儿，小肠蠕动幅度低，而且收缩也无规律，几乎没有推进性活动，只有随着胎龄的增加、胃肠功能的成熟，蠕动的频率、振幅和时间逐渐增加，才能将食物向下推动。这就是为什么小早产儿更易出现腹胀、胃潴留等喂养不耐受问题。早产儿结肠动力也不成熟，当有呼吸窘迫或感染时，常可出现类似于巨结肠的动力性肠梗阻。

4. 消化吸收功能

在肠道起着重要的吸收和消化作用的是一些消化酶，早产儿这些酶类分泌少，而且活性液较低，对于营养素蛋白、脂肪、糖的吸收和消化有一定的影响。如乳糖酶在36周时才能达到足月儿水平，因此早产儿常有乳糖不耐受问题。

5. 肠道免疫功能

正常的胃肠道有一定的免疫功能，可以防治细菌的合并侵入，如胃酸、肠黏膜、肠道抗体等，早产儿胃酸低、肠黏膜渗透性高、肠道抗体能力弱，因此早产儿容易发生坏死性小肠结肠炎。

胃食管反流

胃食管反流（gastroesphageal reflux，GER）是指胃内容物反流入食管，症状主要是呕吐、食管炎、营养不良、肺部并发症或其他呼吸道症状。早产儿的胃食管反流，多数可以伴随着胃肠功能的成熟而自然缓解，要减少胃食管反流以及合并症的发生，日常看护中主要以预防为主。

（1）仔细观察：早产儿胃容量小且呈水平位，贲门括约肌发育不全、呈松弛状态，胃排空时间长，均易发生胃食管反流。如出现喂奶困难、溢奶、呕吐、口周发绀等症状时，应考虑孩子是否有胃食管反流的可能性。

（2）注意喂养方法：应根据早产儿的体重、喂养耐受情况，决定喂养的奶量、喂奶次数，要少量多餐，每日密切观察孩子的精神状态、体重增长情况。

（3）保持呼吸道通畅：出现胃食管反流时，尽量让孩子侧卧位，头部转向一侧，及时清除孩子口腔内的分泌物或奶汁，并观察有无呼吸问题。如有青紫、呛咳严重，疑有呕吐物吸入到气管时，应及时帮助孩子排出，否则易造成吸入性肺炎。

（4）采用正确的体位：喂奶完毕后，可将婴儿抱直，轻拍背部，让胃部空气逸出，然后抬高床头使婴儿处于30° 倾斜右侧卧位。此体位有利于排空胃内奶汁，使反流量降到最低程度。

小贴士　急需返诊的情况

如果长期、严重呕吐，伴有腹胀、脱水、体重不升或降低，应及时上医院，由医生找出呕吐的原因，及时治疗。

坏死性小肠结肠炎

早产儿坏死性小肠结肠炎（necrotizing enterocolitis of newborn，NEC）为一种获得性疾病，由于多种原因引起的肠黏膜损害，使之缺血、缺氧的因素，导致小肠、结肠发生弥漫性或局部坏死的一种疾病。主要以腹胀，便血为主要症状，其特征为肠黏膜甚至为肠深层的坏死，最常发生在回肠远端和结肠近端，小肠很少受累，腹部X线平片部分肠壁囊样积气为特点，是新生儿消化系统极为严重的疾病。

一、坏死性小肠结肠炎的症状

男婴多于女婴，以散发病例为主，无明显季节性，出生后胎粪正常，常在生后2～3周内发病，以2～10天为高峰，在新生儿腹泻流行时NEC也可呈小流行，流行时无性别，年龄和季节的差别。

1. 腹胀和肠鸣音减弱

患儿先有胃排空延迟，胃潴留，随后出现腹胀，轻者仅有腹胀，严重病例症状迅速加重，腹胀如鼓，肠鸣音减弱，甚至消失，早产儿NEC腹胀不典型，腹胀和肠鸣音减弱是NEC较早出现的症状，对高危患儿要随时观察腹胀和肠鸣音次数的变化。

2. 呕吐

患儿常出现呕吐，呕吐物可呈咖啡样或带胆汁，部分患儿无呕吐，但胃内可抽出含咖啡或胆汁样胃内容物。

3. 腹泻和血便

开始时为水样便，每天5～6次至10余次不等，1～2天后为血样便，可为鲜血，果酱样或黑便，有些病例可无腹泻和肉眼血便，仅有大便隐血阳性。

4. 全身症状

NEC患儿常有反应差，神萎，拒食，严重病例面色苍白或青灰，四肢厥冷，休克，酸中毒，黄疸加重，早产儿易发生反复呼吸暂停，心律减慢，体温正常或有低热，或体温不升。

二、坏死性小肠结肠炎预防

NEC可发生暴发流行，具有传染性，因此，如果短期内发生数例坏死性小肠结肠炎，应将患儿隔离，并对其余接触婴儿进行评估，对直接或间接接触过的新生儿需每天检查腹胀的出现和大便性质的改变，一旦出现腹胀应警惕NEC的发生，对极小的患病早产儿通过使用全肠道外营养而延迟数天或数周喂养，然后在数周的时间内，缓慢增加肠道喂养，可降低NEC的发生。

腹泻与便秘

一般而言，宝宝一天大概解1~3次大便，平时大人应仔细观察宝宝排泄物的形状、颜色、气味以及排便量，以初步预防肠胃道疾病。早产儿与足月儿的排泄并无不同，请依一般状况照顾。

一、腹泻

1．腹泻的观察

以其气味及性质为主，而不以次数定论，若宝宝的大便比较酸臭，或由软便转为稀水便，或带黏液且次数比平常多，则为腹泻。

2．早产儿容易腹泻的原因

（1）与饮食有关的原因，如牛奶过敏、牛奶冲泡过浓、乳糖耐受不良、喝过量的果汁、副食品添加不当等。

（2）感染，如吃到不新鲜的食物，奶瓶、奶嘴消毒不严，或没有洗手就护理宝贝，都很容易造成宝贝的肠道感染细菌或病毒。

（3）早产宝贝的胃肠道发育不成熟，消化酶的活性低，但营养需要多，吃奶量相对较多，增加了胃肠道负担，因而容易腹泻。

（4）神经、内分泌、循环系统及肝、肾功能的发育都未成熟，调节能力差，对轻微的外界刺激也不能适应。

（5）肠道的免疫功能差，非常容易被病原体所感染。

（6）身体其他部位感染引起：早产宝贝患了肺炎和败血症时，细菌有时也可从肠道外或血液中透过肠壁，渗入到肠道内，引起宝贝腹泻。

3．宝宝腹泻的预防

（1）母乳是早产宝宝最好的食物：母乳不仅营养成分比例恰当，而且其中含有多种抗体，可以防止宝贝发生腹泻，这是任何奶粉都不能替代的。若不能喂母乳，则选适合的早产儿配方奶粉。更换奶粉时，要循序渐进，逐渐增加替换量，直至完全更换成功。

（2）讲卫生勤消毒：每次喂奶前，要细致地洗手，并用温水洗净乳房。宝贝用的奶瓶、奶嘴等，要注意消毒。家人接触宝宝前，要认真洗手、更换干净的衣服。勤换尿裤，保持干净，避免红臀，减轻尿布疹。

（3）日常护理格外精心：宝宝的皮肤要保持清洁，如果发现有破损，及时妥善处理，避免感染；不要到公共场所，防止交叉感染；注意身体保暖，别让宝宝受凉，早产宝贝更容易发生新生儿硬肿症。

4．一旦发生腹泻立即送医院诊治

早产宝宝一旦发生腹泻，不管轻重，都应立即送医院诊治，千万不能耽搁。因为，腹泻除影响宝宝胃肠道吸收营养外，还会消耗体内储存的营养物质。

5. 注意事项

如果因为感染，确实需要抗生素治疗，一定要在医生的指导下服用肠道微生态制剂，防止肠道菌群失调，加重宝贝消化功能紊乱，并造成腹泻迁延不愈。

二、便秘

1. 便秘的观察

大便质地变硬、坚实，大便次数减少，甚至数天不解大便。不过，若宝宝虽数天才解一次大便，但所解出之便不硬，且宝宝平日没有不舒适的表现，则不是便秘。

2. 便秘的原因

（1）肠胃蠕动减缓。

（2）牛奶冲泡太淡。

（3）其他：如肠阻塞、巨结肠症。

3. 便秘的居家照护

（1）按摩法：手掌向下，平放在宝宝脐部，按顺时针方向轻轻推揉。这不仅可以加快宝宝肠道蠕动进而促进排便，并且有助于消化。或采用婴儿抚触法，也有助于缓解便秘。

（2）刺激法：婴儿若已经三天未解大便，可用医用棉签涂上润滑油（如凡士林、甘油），放入宝宝肛门内1~2cm，轻轻旋转，以刺激肠蠕动及帮助排便。若仍未改善，最好送医治疗。

小贴士

不要给1岁之内婴儿服用蜂蜜润肠。

第五节　沐浴篇

早产儿处于温度较高的环境中易产生大量汗液，而早产儿的皮肤汗腺和血管发育都不成熟，不仅不能通过皮肤血管扩张来散发体内的热量，也不容易通过未发育完全的汗腺管排汗，汗管很容易堵塞，而使皮肤产生汗疱疹，汗疱疹可导致皮肤感染形成脓疱疹。早产儿洗澡不仅仅是皮肤卫生问题，而且是给孩子散热、预防皮肤感染的一项重要手段。同时，洗澡是观察宝宝全身最重要的时机，也是亲子互动的良好时刻，父母应好好把握为宝宝洗澡的大好时机。

早产儿出生时，全身是由胎脂覆盖着的，皮肤上的胎脂可减少多种微生物对皮肤的侵袭，具有保护皮肤的作用。但是过多的胎脂，可以分解成脂肪酸，容易刺激皮肤引起皮肤糜烂。所以出生后给早产儿第一次洗澡，只需使用消毒植物油纱布擦去过多的胎脂就行，不需要马上用清洗剂洗掉，也不必用力搓洗婴儿皮肤，以免搓破皮肤。一般3～5天后胎脂可以被自然吸收。

小于1000g的早产儿不宜用水洗澡，而须用植物油轻轻擦拭其全身。采用油浴方法，不仅能清洁婴儿的皮肤，还可以保护婴儿皮肤，也不容易使其受凉。

当早产宝宝出院回家后，给宝宝洗澡的任务就要由家长来完成了，但家长往往因为害怕孩子受凉而不给洗澡，或者减少洗澡次数，其实只要按正确的方法给宝宝洗澡，这些担心都是没有必要的。

浴前准备

1．物品准备

将沐浴中需用的物品备齐。预换的婴儿包被、衣服、尿片，以及小毛巾，大浴巾、澡盆、中性婴儿肥皂、婴儿洗发液、婴儿爽身粉等。

2. **家长准备**

平时家长的指甲应剪短，以免擦伤您的宝宝；为宝宝洗澡前用肥皂洗手，并取下手表、戒指等饰品。

3. **环境准备**

选择安全、避风、温暖的地方，室温最好在25～28℃左右。

4. **时间选择**

洗澡时间应安排在喂奶前1～2小时，以免引起吐奶。

脱下宝宝衣服后，以大毛巾包裹身体，依以下步骤清洗。

1. **洗脸**

左肘部和腰部夹住宝宝的臀部，左手掌和左臂托住宝宝的头，右手以清水擦拭，不须用肥皂。

（1）洗面——用洗脸的纱布或小毛巾沾水后轻轻拭擦。

（2）洗眼——由内眼角向外眼角擦。

（3）洗额——由眉心向两侧轻轻擦拭前额。

（4）洗耳——用手指裹毛巾轻轻擦拭耳郭及耳背。

2. **洗头**

妈妈一手以大拇指、中指分别压住宝宝的耳朵，以防止水流入耳内。另一手将肥皂（或洗发液）抹（倒）在手上，然后在宝宝的头上轻轻揉洗，用清水洗净擦干。注意不要用指甲接触宝宝的头皮。若头皮上有污垢，可在洗澡前将婴儿油涂抹在宝宝头上，这样可使头垢软化，易于去除。

3. **洗身体**

先用手沾水，轻拍宝宝前胸，让宝宝适应水温；然后将宝宝缓缓放入澡盆内，一手横过宝宝的背部，抓稳宝宝远端手臂，另一手由前胸洗到上肢、腹部、下肢。

将宝宝翻转过来，一手横过宝宝前胸，抓稳宝宝远端手臂，让宝宝趴在妈妈手上，妈妈的另一只手则由背部开始洗，再洗臀部、下肢。腋下、颈部、腹股沟等褶皱处应撑开清洗干净。

4. 洗生殖器及肛门区

将婴儿恢复到洗前胸的姿势。

以肥皂清洗干净，如有粪便附着，需以小毛巾擦去，以减少红臀的发生。女婴应多注意阴部的清洗，把小阴唇的褶皱处撑开，由前向后清洗；男婴则将尿道口、包皮褶皱、阴囊洗净。

5. 擦干身体

洗好后将宝宝抱出浴盆，置于大浴巾上，抹干全身，特别要注意耳后、关节及皮肤皱褶处一定要擦干。

6. 穿上衣服，垫上尿布

洗澡的整个过程动作要轻柔、快，注意既不要损伤孩子的皮肤，也不要让孩子受凉，同还要让宝宝有安全感。

宝宝沐浴的注意事项

宝宝沐浴有学问，需注意如下事项。

（1）宝宝洗澡的频率：从医学角度讲，应每天给新生儿洗澡，但有时由于条件有限，洗澡时室内温度难以保证，特别是在寒冷的冬天。所以，可根据气候来选择2次洗澡间隔的时间。

炎热的夏天，由于环境温度较高，可给新生儿每天洗1～2次澡；洗后在颈部、腋下、腹股沟等皮肤皱褶处搽少许香粉，但不可过多，以防出汗后结成块而刺激皮肤。身体的皱褶处应每天检查，以防褶烂、破溃。春、秋或寒冷的冬天，由于环境温度较低，如家庭有条件使室温保持在24～26℃，亦可每天洗一次澡，如不能保证室温，则可每周洗1～2次或常用温水擦洗颈部、腋下、腹股沟等皮肤皱褶处，并在每次大、小便后，用温水擦洗臀部及会阴部，以保证新生儿舒适、干净。冬天洗澡或擦洗时动作要轻快，以防新生儿受冻而生病。

（2）为新生儿洗澡时所用的毛巾要纯棉质且柔软，动作要轻柔、有章法，避免伤及新生儿的皮肤和肢体，小心不要让新生儿被水呛到。

（3）注意清洁皮肤的皱褶处。

（4）防止水进入耳、鼻、眼。

（5）洗澡过程中要防止宝宝受凉，洗澡后1小时内不要打开包裹。

（6）小宝宝的脐带脱落前不要把婴儿放入水中，只能进行擦洗，以免脐部感染。脐带护理：①先用75%的酒精或碘酒在脐带根部，以无菌棉花棒由内向外作环形消毒。②用95%酒精再作一次消毒。③观察脐带有无任何发红臭味、出血或感染之现象。④保持脐部的干燥和清洁。

不宜给宝宝洗澡的情况

当宝宝患某些疾病时，则不宜洗澡。

（1）发热、咳嗽、流涕、腹泻等疾病时，最好别给宝宝洗澡。但有时病情较轻、精神状况及食欲均良好，也可适时地洗一次澡，但动作一定要轻快，以防受凉而加重病情。

（2）皮肤烫伤，水泡破溃、皮肤脓疱疮及全身湿疹等皮肤损害时，应避免洗澡。

（3）肺炎、缺氧、呼吸衰竭、心力衰竭等严重疾病时，更应避免洗澡，以防洗澡过程中发生缺氧等而导致生命危险。

新生儿不宜洗澡时怎么办

如新生儿因病暂不宜洗澡，为了让新生儿身体干净舒适，可用柔软的温湿毛巾或海绵擦身。但由于新生儿病期需要更多的休息，所以擦浴时动作一定要轻，从上到下，从前到后逐渐地擦干净。如某处皮肤较脏，不易擦干净，可蘸婴儿专用肥皂水或婴儿油擦净皮肤，而后再用温湿毛巾把肥皂水或婴儿油擦干净，以防皮肤受到刺激而发红、糜烂。

总之，擦浴时动作要轻柔，不可用劲搓，防止把新生儿细嫩的皮肤擦破而导致感染。

第六节　肌肤篇

早产儿皮肤发育不成熟，体重越低，皮肤越薄嫩，皮肤屏障功能弱免疫力差，如果护理不当，很容易引发皮肤感染及其他问题。

1. 皮肤薄嫩，抗损伤的能力低

宝宝的皮肤层十分细腻薄嫩，最外层起耐磨作用的角质层是单层细胞，缺乏透明层；而成人是多层细胞，真皮中的胶原纤维也很稀少，薄而缺乏弹性，所以，皮肤的厚度只有成人皮肤厚度的1/10，因此，不仅容易被外来的有刺激性及有毒物质渗透，而且容易摩擦受损，抵抗干燥环境的能力也差，照料上稍有疏漏，就会引起皮肤损伤，如过敏、红肿等。

2. 皮肤抗病能力差，容易被细菌感染

由于皮肤未发育成熟，所以免疫系统功能弱，不能像大人那样成为人体抵抗致病菌的第一道防线，仅靠皮肤表面的一层天然酸性膜来保护皮肤，很容易被细菌感染，或者发生过敏反应，如红斑、红疹、水泡等；皮肤结缔组织中富含基质，含水量高于成人，容易发生炎症性水肿；同时其中的血管丰富却非常脆弱，受轻度物理性刺激就会损伤出血。

3. 皮肤色素层薄，对外界温度变化反应敏感

宝宝的皮肤内防护紫外线穿透的黑色素生成得很少，因为色素层薄，很容易被阳光中的紫外线灼伤。加之，宝宝的体表面积按千克体重计算较成人大，所以散热快，耗热量就相对要多，外界环境的温度一旦变化，宝宝的皮肤就会受到很大影响。

4. 皮肤脂质少，抗干燥能力差

宝宝的体表面积相对较大，不但容易散热，而且体液交换量也很大，又因为多汗，容易因失水使皮肤变得干燥；同时，皮脂分泌少（新生儿和婴幼儿则相反），皮肤下的脂质可保持使皮肤内的水分平衡，如果过少则很易使水分流失，皮肤因此爆皮或破裂。

1. 清洁

清晨起床，要用柔软的毛巾或纱布浸温水给宝宝擦脸，注意五官部位的清洁，刚吃完奶或食物之后，特别要对嘴边关键区域进行彻底清洁。不要用粗糙的毛巾给宝宝擦脸，更不要用碱性大的香皂给宝宝清洁。每晚临睡前都要给宝宝洗个温水澡，并用婴儿专用的柔湿巾给宝宝擦拭小屁股，不仅可以起到清洁的作用，同时还有润肤的功效，有效防止“红屁股”的出现。

2. 保湿

爸妈除了要多让宝宝喝水外，每天都要用湿热的小毛巾轻轻地敷在宝宝的嘴唇上，让嘴唇充分吸收水分，然后涂抹宝宝专用的润唇油或香油。脸部清洁完毕后，要及时涂抹婴儿润肤露、润肤霜进行保湿；洗澡后要及时把宝宝全身擦干，然后用手把润肤霜焐暖，轻轻地涂在宝宝身上，以此来锁住皮肤所需的水分。

3. 防晒

宝宝的皮肤很娇嫩脆弱，所以爸爸妈妈外出时要避免宝宝过度暴露在阳光下，尤其是强烈的阳光下。外出必要时，暴露的皮肤使用无刺激性不含有机化学防晒剂的高品质婴儿的防晒品。

一、宝宝的前囟门

人的头颅是由2块顶骨、2块额骨、2块颞骨及枕骨等骨组成。婴儿出生时，这些骨骼还没有发育好，骨缝没有完全闭合，在头顶前有一个菱角空隙，为前囟门，又称大囟门。在头顶后还有一个“人字”形的空隙，为后囟门，又称小囟门。

前囟门出生时约为2.0cm×2.0cm大小，随着婴儿生长，一般在1~1.5岁时闭合。后囟门出生时就很小，一般在2～4个月时就闭合了。囟门是人体生长过程中的正常现象，用手触摸前囟门时有时会触到如脉搏一样的搏动感，这是由于皮下血管搏动引起的，没什么可紧张的，未触及搏动也是正常的。

（1）观察宝宝囟门异常：在此提醒家长，囟门同时是一个观察疾病的窗口，如果囟门饱满或隆起时，则表示孩子有颅内高压的疾病，如脑膜炎、颅内出血、脑瘤等；如果囟门过度凹陷，可能是由于进食不足或长期呕吐、腹泻所造成的脱水引起的。

（2）前囟门的清洗：新生儿的囟门特别娇嫩，但囟门的清洁护理又往往关系到小宝宝的健康发育，所以这一定要注意。

首先，前囟门的清洗可在洗澡时进行，可用宝宝专用洗发液而不宜用强碱肥皂，以免刺激头皮诱发湿疹或加重湿疹。

还有，清洗时手指应平置在囟门处轻轻地揉洗，不应强力按压或强力搔抓，更不能以硬物在囟门处刮、划。

如果囟门处有污垢不易洗掉，可以先用麻油或精制油蒸熟后润湿浸透2～3小时，待这些污垢变软后再用无菌棉球按照头发的生长方向擦掉。

还要提醒各位家长，注意家中家具，避免尖锐硬角弄伤宝宝的头部。如果宝宝不慎擦破了头皮，一定要立即用酒精棉球消毒以防止感染。

二、臀部护理

宝宝的皮肤非常幼嫩，特别是臀部，护理不当非常容易生尿布疹，所以一定要细心护理才行。

给宝宝擦屁股要轻柔，不可太用力。宝宝大便了，如果擦得太用力，会破坏皮肤的角质层。男宝宝和女宝宝各有自己的身体特点，在清洗的时候也要注意采用不同的手法。

1. 男宝宝清洗法

★男宝宝常常就在你解开尿布的时候撒尿，因此解开后仍将尿布停留在阴茎上方几秒钟。

★打开尿布。用纸巾擦去粪便，扔到尿布上，然后在他屁股上面折好尿布。用温水或者清洁露弄湿棉花来擦洗，开始时先擦肚子，直到脐部，擦洗的时候要避免宝宝着凉。

★用干净棉花彻底清洁大腿根部及阴茎部的皮肤褶皱，由里往外顺着擦拭。当你清洁睾丸下面时，用你的手指轻轻将睾丸往上托住。

★用干净棉花清洁婴儿睾丸各处，包括阴茎下面，因为那里易有尿渍或大便。如果必要的话，可以用手指轻轻拿着他的阴茎，但小心不要拉扯阴茎皮肤。

★清洁他的阴茎，顺着离开他身体的方向擦拭：不要把包皮往上推，去清洁包皮下面，只是清洁阴茎本身。在男宝宝半岁前都不必刻意清洗包皮，因为男宝宝大约4岁左右包皮才和阴茎完全长在一起，过早地翻动柔嫩的包皮会伤害宝宝的生殖器。

★举起婴儿双腿，清洁他的肛周及臀部，你的一只手指放在他两踝中间。他大腿根背面也要清洗。清洗完毕即除去尿布。

★擦拭你自己的手，然后用纸巾抹干他的尿布区。如果他患有“红屁股”，让他光着屁股踢一会儿脚，预备些纸巾，如果他撒尿时可以用。

★在阴茎以上部位（而不是阴茎上面）、睾丸附近及肛门、臀部上广泛搽上防疹膏。

在给男宝宝换尿布的时候要注意：因为男宝宝尿尿一般都是往前的，所以在给宝宝换尿布时要把宝宝的阴茎压住，以防宝宝尿湿尿布的围腰。

2. 女宝宝清洗法

★用纸巾擦去粪便，然后用温水或洁肤露浸湿棉花，擦洗他小肚子各处，直至脐部，擦洗的时候要避免宝宝着凉。

★用一块干净棉花擦洗他大腿根部所有皮肤褶皱里面，由上向下、由内向外擦。

★举起他双腿，并把你的一只手指置于他双踝之间。接下来清洁其外阴，注意要由前往后擦洗，防止肛门内的细菌进入阴道。不要清洁阴道里面。

★用干净的棉花清洁他的肛门，然后是屁股及大腿，向里洗至肛门处。洗完即拿走纸尿布，在其前面用胶纸封好，扔进垃圾箱。洗你自己的手。

★用纸巾擦干他的尿布区，然后让他光着屁股，玩一会儿，使他的臀部暴露于空气中。

★在外阴四周、肛门、臀部等处搽上防疹膏。

女宝宝一般不建议用爽身粉，因为爽身粉中的滑石粉会进入卵巢，因为女性的盆腔与外界是相通的，外界环境中的粉尘、颗粒均可通过外阴、阴道、宫颈、宫腔、开放的输卵管进入到腹腔，引发病变。

如果气温适宜，无论是女宝宝还是男宝宝，便后都可以直接用温水清洗阴部。这样既快捷又清洗的干净彻底。

宝宝肌肤常见问题的护理

一、皮肤出现红斑

宝宝刚出生时，皮肤表面的角质层还没有完全形成，真皮较薄，纤维组织少，毛细血管网发育良好。因此，一些轻微刺激，如衣物、药物等都常常会使宝贝的皮肤发生充血，出现为大小不等、边缘不清的多形红斑。不过，这些红斑大多在宝贝的头部、面部、躯干和四肢等部位，并不一定会让宝贝感到很不舒服。

护理方法：

（1）这种红斑属于正常生理变化，不需要进行治疗，一般在1~2天里就会自行消退，父母不必着急。

（2）千万不要随便给宝宝涂抹药物或其他什么东西，宝贝的皮肤血管非常丰富，吸收和透过力也很强。处理不当会引起接触性皮炎，这样便很麻烦了。

二、皮肤出现色素斑

一些婴儿的骶尾部和臀部上常有蓝灰色或青色的斑记，形状以圆形居多，也有的呈不规则形状，但边缘明显，手指压后不退色。它通常是皮肤深层色素细胞堆积形成的，所以叫“色素斑”。

宝宝的皮肤上出现了色素样斑块，父母常常误认为是分娩时受伤引起的，或误认为宝贝被别人弄伤了。其实在民间把它叫成“乌青块”，或者“青斑”，属中医“血淤证”的范畴，也是正常生理现象，不必把它当病看待，常常要到五六岁后才会慢慢消失。

护理方法：

（1）一般情况下没有必要进行治疗，斑块会随着宝贝年龄增长逐渐变淡，大约在7岁前会慢慢消失。

（2）如果色素斑的颜色逐渐变为咖啡色，尤其是数量多、范围大或表面粗糙、高于皮肤时，就应该定期带宝宝去医院就诊。

三、皮肤脱皮

刚出生的宝宝，皮肤最表面的角质层是薄薄的，表皮和真皮之间的连接也不很紧密。因此，他们的脚踝、脚底和手腕部等部位，常常会皮肤发干、粗糙，并发生脱皮。一般来讲，这种现象在出生后1周时最严重，随后便会逐渐减轻。

护理方法：

（1）清洗时水温不要太高，不然会加重皮肤干燥或脱皮。

（2）清洗时不要过度给宝贝使用婴儿皂或其他清洗用品，这样也会使脱皮更厉害。

（3）宝宝出现脱皮时，切不可用毛巾或手用力搓皮屑。应该让这些皮屑自然脱落，以防造成皮肤损伤，引起感染，甚至败血症。

（4）如果想让宝贝的皮肤滋润一些，应该先去请教医生，并在医生指导下使用安全温和的婴儿专用保湿护肤品。

四、皮肤出现小血点

刚出生的宝宝，有时在突然猛烈大哭，或在分娩时发生缺氧窒息，或是胎头在娩出时受到摩擦，都有可能使皮肤上突然出现一些出血点。父母看到这样的出血点，常误为宝贝的血液出了问题，心里很着急。这种现象与血液病并没关系，是血管壁的渗透性增加、外力压迫毛细血管破裂所引起的皮下少量出血。

护理方法：

（1）皮肤上的出血点不需要涂抹什么药物，几天后便会自然消退下去。

（2）如果出血点持续不退或继续增多，请医生进一步检查血小板，除外血液及感染性疾病。

五、皮肤变黄

宝宝的皮肤，都会出现不同程度的变黄，这是一种正常生理现象，叫作新生儿生理性黄疸。这种现象常常发生在宝宝出生后2~3天，表现为皮肤呈淡黄色、眼白微黄、尿色稍黄但不染黄尿布，宝贝可吃奶有力、四肢活动好、哭声响亮。足月宝宝出生后7~9天，皮肤黄疸逐渐消退，早产宝宝时间会长一些。

生理性黄疸的发生，是新生宝宝建立了自主呼吸引起。自主呼吸使血液中的氧浓度增高，因此体内多余的红细胞被破坏，分解成胆红素，使血液中未被结合的胆红素增加。可宝宝的肝脏发育还不成熟，不能对血液中增加的胆红素立即进行处理，因而胆红素只好沉积在皮肤上，使皮肤变黄。

护理方法：

（1）足月出生的宝贝不需要进行任何特殊治疗，过几天就会逐渐消退下去。

（2）如果皮肤发黄是在出生后3天出现，但在10天后还不消退；或是消退后重又出现，或是黄疸明显加重，应及时去医院诊治。

（3）日常护理时应该密切观察，必要时去医院做光疗和药疗。

六、皮肤有黄白色疹子

很多妈妈都会发现，自己刚出生的宝贝，鼻尖、鼻翼或小脸上，长满了黄白色的小疹子，这种黄白色的小疹子称为粟粒疹，是母体雄激素作用的结果。虽然宝贝出生了，可来自于母体的雄激素仍使他们的皮脂腺分泌很旺盛。

护理方法：

（1）一般来讲，这种黄白色粟粒疹，在宝贝出生后4~6个月时就会自行吸收。千万不要用手去挤，以免会引起局部感染。

（2）也不可随意往疹子上涂抹药物，以免引起不良反应。

七、皮肤有红色斑块

有的宝贝一出生，娇嫩的皮肤上就可以看到一些红色斑块，特别是宝贝在哭闹时，红色斑块会更为明显。这些红色斑块是血管瘤，多发于宝贝的面部、颈部和枕部，不高出皮肤。

护理方法：

（1）不要让红色斑块表面受到摩擦等刺激，以免擦伤并发细菌感染。

（2）如果血管瘤在短期内突然长得很快，应及早去医院就诊。

（3）如果宝贝不仅脸上有红斑，而且伴有抽搐或智力迟缓，需及早去医院，诊察是否患脑血管瘤。

八、皮肤有乳白色油状物

宝贝出生时，会在皮肤上带着一层薄薄的乳白色油状物，有些人会赶快擦掉。其实，这层薄薄的油状物是胎脂，它是由皮脂腺的分泌物和脱落的表皮细胞形成。胎儿在母亲体内时，胎脂可保护他们的皮肤不受羊水浸润。当宝贝出生后，胎脂不仅保护皮肤，如果环境温度低还可减少宝贝身体热量向四周发散，保持体温恒定。

护理方法：

（1）一般来讲，胎脂在宝贝出生后1~2天会自行吸收，不必擦掉。

（2）当胎脂吸收后可给宝贝洗澡，但要轻轻擦洗皮肤。

九、皮肤出现大理石花纹

宝贝的身上的皮肤时常出现犹如大理石般、略带蓝色的花花条纹，尤其是在温度低时更为明显，不知因何而起?

正常情况下，人体的皮肤深处分布着很多细小的血管丛，用来调节温度变化。因此，这些血管网对温度是非常敏感的。当环境温度降低时，血管丛收缩，管腔变小，血流变缓慢，使一些血液滞留在表浅的静脉血管丛中。由于静脉血中的氧含量较低，所以血液的颜色发暗、发蓝。由于小宝贝的皮肤非常薄，所以从外观上看皮肤就好似大理石一样，有暗蓝色花花条纹。

护理方法：

（1）如果是因身体冷而出现，不必着急，注意保温即可。

（2）当宝贝体内存在某些疾病时，也可能出现这种花花条纹。因此，在排除皮肤受冷情况后，如果花纹仍不消失，就应带宝贝去医生那里做进一步检查。

十、奶癣

出现在脸颊和眉毛上方的红色丘疹，宝宝经常会为此哭闹，这是“婴儿湿疹”，俗称“奶癣”，一般与宝宝体质过敏有关。

护理方法：用温水给宝宝洗脸，避免香皂或其他有刺激性的物品，洗脸后，涂抹奶癣药膏或止敏药物。剪短宝宝的手指甲，不要穿得太厚、太暖，尽量减少刺激。

十一、尿布疹

尿布疹是由于大小便刺激了宝宝的皮肤所引起的一种皮肤疾病，也可能是由于布尿布洗涤时，没有把肥皂水冲洗干净引起的。

护理方法： 要及时更换被宝宝弄脏或弄湿了的尿布；每次换尿布时，要用温水洗净宝宝的臀部，不要用香皂或过热的水；涂抹婴儿护臀膏，最好在医生的指导下用药治疗和加强护理。

十二、痱子

宝宝的皮肤在夏天很容易产生痱子。

护理方法： 保持房间的通风和凉爽，不要穿得太多，用温热的水洗澡，保持皮肤的干爽。如果痱子症状持久不能缓解，应去医院诊治。

宝宝的肌肤比成年人要娇嫩敏感得多，所以清洁身体时需要使用专门为宝宝设计的宝宝洗护用品。因此，父母们需要知道如何正确选择婴儿洗护用品。

一、选择正确的洗护用品

婴儿的抵抗力弱，选择护肤品时一定要慎重，要挑选质量好的产品购买，千万不能贪图便宜。宝宝专用的润肤产品一般分润肤露、润肤霜和润肤油三种类型。

润肤露： 含有天然滋润成分，能有效滋润宝宝皮肤。

润肤霜： 含有保湿因子，是秋冬季节宝宝最常使用的护肤品。

润肤油： 含有天然矿物油，能够预防干裂，滋润皮肤的效果更强。

市面上销售的护肤品按1周岁为界区分，1周岁以下的宝宝可选择专门的婴儿护理品，1周岁以上的则可选用儿童护理品。

二、选择正规的洗护用品

在选购洗护用品的时候首先要选专业的产品，不是专业、正规生产厂家的产品很可能含有成人用品成分，最好不要买。判断宝宝洗护用品的质量，可以参考“单、稀、少、滑”这四个指标。

单，就成分简单、作用单一，最好不加特殊香料，不加过多颜色，只具备基本的润肤成分即可。

稀，即液体。宝宝洗护用品的黏稠度要比成年人的低，这是由宝宝洗护用品的生产配料性质决定的，任何厂家都不可能做得很黏稠。所以如果宝宝洗护用品的黏稠度高，那一定不是好的产品。

少，即泡沫少。宝宝洗护用品的泡沫越多，说明产品的刺激性越大。

滑，即洗完后感觉皮肤滑滑的。尽管好像没有洗干净，但实际上已经洗干净的了。

三、仔细阅读产品使用说明书

宝宝皮肤娇嫩，每次使用新的润肤品前，家长都要先看清楚说明书，看看有无含曾经引起过敏的成分。如果不太确定，最好先在宝宝皮肤上小范围地试用2次，然后再全身使用，如果宝宝使用护肤品后皮肤出现过敏反应，如皮肤发红、出现疹子等，应立即停止使用。

四、注意产品保质期

由于孩子的抵抗力比较弱，加之皮脂腺发育不成熟，过了保质期的产品，使用后容易患一些感染性的皮肤病。

第七节　护眼篇

宝宝眼睛护理的关键期

眼睛是心灵的窗口，从宝宝孕育的那一刻起，就要面对各种眼睛疾患和伤痛的侵袭，想要宝宝拥有一对明亮而清澈的眼睛，聪明的妈妈会根据宝宝年龄的不同，采取不同的保护措施。

一、孕、产期

眼胚发育是在怀孕后20~40天，在此期间，如果准妈妈不幸感染病毒（如风疹等）、患有感冒、受到化学物质的影响、应用保胎素等，将会影响眼胚的发育，可引起眼睛畸形，所以，孕早期的准妈妈一定要格外注意，为自己腹中的宝宝提供一个安全良好的发育环境。孕妈妈要注意避免病毒感染；不要接触使用化学物质；用药前，一定要向医生咨询，并明确告知医生自己已怀孕，切不可随意服药。

分娩时，如果处理不当，很可能会损伤孩子的眼睛，造成视力损害。

（1）急产，产道压力过大，对新生儿脑组织和身体都有一定损害；

（2）产钳助产不恰当，如位置不合适，夹中眼睛或视神经，将损伤眼球、视神经，甚至造成眼球破裂；

（3）如果新生儿吸氧过量也会影响孩子的视力发育；

（4）产程过长，会造成孩子视网膜出血，如果出血量过大，可能无法完全吸收，会影响孩子的视力；分娩前后，很多因素都可能影响宝宝的视力，妈妈一定要密切配合医生，争取顺利娩出胎儿，避免损伤。

二、新生儿期（出生~28天）

尽量发现眼睛的先天异常，注意双眼的大小、外形、位置、运动、色泽等，如先天性白内障，青光眼等，并积极防治各种源于产道的感染性眼病，如念珠菌感染所致的眼炎。

三、婴儿期（1个月~1岁）

避免外界不良因素对眼睛的影响，眼内斜。不少父母喜欢在婴儿床上方悬挂一些可爱的玩具，如果经常这样，孩子的眼睛很可能发展成内斜。但有些父母可能发现宝宝双眼有些对视，可是到医院检查，医生却说不斜，这主要是由于人们习惯于根据黑眼球两眼白暴露得是否对称来判断眼球是否正位，而误认为的假性斜视。这种情况会随着眼睛的发育，逐渐趋于正常。

预防眼内异物。由于宝宝的瞬目反射尚不健全，此时应特别注意眼内异物，一旦发现宝宝的眼睛红肿、流泪，应尽早到医院就诊。

四、幼儿期（1~3岁）

活动增多，谨防眼外伤，防止扎伤、烧伤和异物损伤。在此阶段，应加强对孩子的安全教育，如在奔跑时不要拿铅笔等尖物，以免摔倒时扎伤眼睛；在使用强酸、强碱等洗涤剂时，要让孩子避开，以免液体溅到孩子眼中。一旦发生烧伤，应立即用清水彻底冲洗，再去医院处理。若确诊为斜视，应积极治疗，在日常生活中留意观察孩子的眼位是否正常，一旦发现孩子有斜视，就及时就诊，在医生指导下，确定手术最佳时机。养成良好的用眼习惯。从一开始就应该让孩子养成良好的习惯，坐姿端正，看书时眼睛距书本30cm左右，同时看书的时间不宜过长，每次20分钟为宜。

不宜长时间用眼，勿使眼睛过度疲劳。孩子的眼睛尚处于发育之中，长时间、近距离地用眼，会导致孩子的视力直线下降。在此期间，要特别注意限制孩子近距离作业的时间。一般每次不应超过30分钟。

预防感染性眼病。随着孩子与外界接触的增多，患感染性眼病的机会也明显增多了，如沙眼、睑腺炎（麦粒肿）等，结膜炎也十分常见。这些都是通过传染引起的，因此，最好让孩子有自己专用的毛巾、脸盆，以免使眼病在家庭中蔓延。

宝宝眼睛的日常护理

眼睛是心灵的窗口，每个宝宝不但要有健康的身体，还要有一双明亮的眼睛，眼睛又是十分敏感的器官，极易受到各种侵害，如温度、强光、尘土、细菌以及异物等。眼睛是否健康常常会关系到孩子一生的幸福。

一个孩子从出生到成年，时时刻刻都在生长发育之中，眼睛也是如此，它随着身体的生长发育而逐步成长，所以孩子的眼睛绝不是成人眼睛的缩影。眼睛的生长发育从怀孕的第一天就开始了，当母亲怀孕第3周，眼睛开始有了雏形，此后随着胚胎的发育胎儿的眼睛也随之逐渐形成。出生后的生长发育可分为三个阶段：第一阶段即从出生到3岁，这一阶段主要完成眼的结构发育；3~6岁为第二阶段，此期基本完成视觉功能发育；此后直到18岁青春发育期为第三阶段，是眼结构与功能的不断完善及稳定阶段。人的视觉的发育关键时期是1~2岁，这时绝大多数婴幼儿眼球尚未成熟，一定要注意孩子的眼睛保护，一旦错过时机，则无法逆转，因此，家长必需护理好孩子的眼睛，而且从婴儿时做起。

1. 防感染

婴儿要有自己的专用脸盆和毛巾，并定期消毒。不可以用成人的手帕或直接用手去擦小儿的眼睛。给婴儿清洗眼部的时候，先把几个棉球在温水里沾湿，再挤干水分，每一只眼睛都要换一个新的棉球，从内眼角向外眼角擦。平时也要注意及时将分泌物擦去，如果分泌物过多，可用消毒棉签或毛巾清理。

2. 防噪声

噪声能使婴儿眼睛对光亮度的敏感性降低，视力清晰度的稳定性下降，使色觉、色视野发生异常，使眼睛对运动物体的对称性平衡反应失灵。因此，婴儿居室环境要保持安静，不要摆放高噪声的家用电器，看电视或听歌曲时，不要把声音放得太大。避免在婴儿床正上方挂玩具。

3. 防强光

婴儿睡眠要充足，一般可以不开灯。如要开灯，灯光亦不要太强，尽量不要让光线直射。免得灯光刺激眼睛，影响婴儿睡眠。婴儿到户外活动要防止太阳直射眼睛。婴幼儿照相时也不能用闪光灯照相，因为闪光灯的强光会损伤视网膜。

4. 防近物

如果把玩具放得特别近，婴儿的眼睛可能因较长时间地向中间旋转，而发展成内斜视。应把玩具挂在围栏周围，并经常更换位置和方向。看色彩鲜明的玩具，多看户外风光，有助于提高婴儿的视力。

5. 防睡姿更换不及时

婴儿睡眠的位置要经常更换，切不可长时间地向一边睡。有些母亲总是让小儿睡在自己身旁或床里面，使小儿总是向母亲方向看，日久后会形成斜视。

6. 防X线

当家里的电视机开着时，显像管会发出一定量的X线，婴儿对X线特别敏感，如果大人抱着孩子看电视，使婴儿吸收过多的X线，婴儿则会出现乏力、食欲不振、营养不良、白细胞减少、发育迟缓等现象。

7. 防疲劳

长时间、近距离地用眼，会导致孩子的视力直线下降。在此期间，要特别注意限制孩子近距离作业的时间。一般每次不应超过30分钟。经常带宝宝向远处眺望，引导宝宝努力辨认远处的一个目标，这样有利于眼部肌肉的放松，预防近视眼。

8. 防异物

婴儿的瞬目反射尚不健全，防止眼内出现异物也很重要，如婴儿所处的环境应清洁、湿润；打扫卫生时应及时将小儿抱开；婴儿躺在床上时不要清理床铺，以免飞尘或床上的灰尘进入小儿眼内，外出时如遇刮风，用纱布罩住小儿面部，以免沙尘进入眼睛；洗澡时也应该注意避免浴液刺激眼睛。要防止尘沙、小虫进入眼睛。一旦异物入眼，不要用手揉擦，要用干净的棉签蘸温水冲洗眼睛。

9. 防外伤

人的眼球部分暴露在眼眶的外面，易遭受外界各种致伤因素而损伤，由于小儿的自我保护能力差，受眼外伤的机会相对较多，不要给孩子玩任何带有锐角的玩具。会走路时要小心预防眼外伤。不要让他拿刀、剪、针等尖锐物体，带锐角的家具也最好能把角包上，以免因走路不稳摔倒而让锐器刺伤眼球。另外厨房里的开水、热油、火苗，家里的宠物，节假日的鞭炮都可能给孩子的眼睛造成损伤。

10. 重营养

宝宝视力与饮食密不可分，若身体缺乏维生素A，人即会患夜盲症。缺乏维生素B_1，易导致眼睛水肿、视力减退等症状。缺乏维生素B_2，则会出现眼睛易流泪发红、角膜发炎的现象。缺乏维生素C就容易患白内障病。因此，家长还要培养婴儿合理的饮食习惯。如：少吃糖果和含糖高的食物，少吃白米、白面，多吃糙米粗面，少吃猪油，限制高蛋白动物脂肪和精制糖的食品的摄入。同时，消除婴儿偏食的不良饮食习惯，多吃动物肝、蛋类、牛奶、虾皮、豆类、瘦肉、磨菇及新鲜的蔬菜水果等。

如何检查宝宝的视力是否有异常

一般1~3个月的婴儿只能检查是否有视力，而尚不能判断其确切的视力情况。家庭中可用下述3种简易方法检查婴儿是否有视力。

（1）使婴儿仰卧，用一根线系一个红色毛线球，举在小儿眼前上方20cm处，看他是否能盯着看，如能盯着看，且能随着毛线球的左右移动而进行跟踪，说明小儿有视力。

（2）小儿仰卧，拿一支铅笔突然移向小儿面部（注意千万别刺着小儿眼睛及面部），小儿会眨眼，这就说明小儿能看到东西了。

（3）用一手电筒突然一亮，照小儿眼睛，可见小儿眼睛的黑瞳孔突然缩小，这也说明小儿有视力，有瞳孔对光反射。

如果在以上的检查，小儿没有出现相应的反应，说明小儿没有视力，应及时与医生取得联系。

小孩一般由3岁开始需要定期检查眼睛，若孩子于8岁前未能矫正眼睛，将导致永久视力缺陷。

如何早期发现小儿弱视？对他们进行视力检查是早期发现弱视的最佳办法。在第一次查视力前，家长应教会孩子识别视力表，尽量避免检查视力时的误差。应每隔半年或一年查一次视力，若发现视力低于0.8~0.9或双眼视力相差两行以上，则应及时到医院作进一步检查，医生对视力不好的孩子在做散瞳验光检查后才能做出正确诊断。

孩子如有以下情况，很有可能患有近视眼，应及早治疗，以便得到很好的治疗效果。

（1）看远处的物体时经常眯细眼睛，否则就看不清楚；

（2）看书和看电影、电视的距离变近了，尤其是看电视总喜欢靠近电视机；

（3）看物体时容易产生紧皱眉头现象；

（4）性格和情绪发生变化，比如情绪急躁，与小朋友之间关系变得不融洽，行动和思维能力减退、学习缺乏耐心，学习成绩下降等。

宝宝常见的眼部疾病

1. 新生儿结膜炎

经由产道出生的新生儿，有可能受到细菌感染而导致眼结膜发炎。一旦患上此类疾病，宝宝会出现红眼、产生分泌物等症状，通常医师会给予眼用的抗生素作为治疗。

2. 鼻泪管阻塞

宝宝鼻泪管因尚未完全畅通或太狭窄，相较于成人更易阻塞，因此出生后常有眼泪汪汪及反复性眼睑分泌物等症状，甚至还会引起继发性细菌感染与发炎。一般多用抗生素治疗细菌感染，并且按摩其泪囊；若仍无效，可采用泪管冲洗的方法，帮助其畅通。

3. 睫毛倒插（倒睫）

下眼睑赘皮过多而造成睫毛倒插触及角膜，导致角膜上皮糜烂。患此症的宝宝常眼睛刺痛，多以揉眼睛来表现。通常睫毛倒插会随年龄增长而改善，若未改善，才需考虑施行眼睑矫正手术。

4. 先天性眼睑下垂

上眼皮下垂，使得外表两眼大小不一，且由于眼皮遮住视线，故有些宝宝会抬高下巴或提高眉毛，以加强可视程度。一般多以外科手术作为主要的治疗方式。

5. 斜视或弱视

斜视是眼位不正，物体影像落在视网膜中心凹以外，产生复视现象的一种眼科疾病。当一只眼睛影像受到抑制时，将发生双眼视觉紊乱与立体感差，就会导致弱视。宝宝出生后6个月内发生斜视的，称为先天性斜视，6个月以后发生的则为后天性斜视；一般分为内斜视（俗称斗鸡眼）、外斜视与上下斜视。上下斜视虽然较少见，但伴随有头部歪斜的情形。常有焦急的爸爸妈妈带着宝宝就医，经眼科检查后确诊为“假性斜视”。这是由于宝宝鼻梁较扁或眼内眦较宽，而有类似内斜视的外观。而事实上，眼位却是正常的。不过，上述情况通常在宝宝长大之后，会因为脸形的改变而有所改善。

6. 早产儿视网膜病变

胎儿视网膜血管的发育，是从孕妈妈怀孕16周开始，一直到足月40周才发育完全。因此，怀孕周数小于36周、体重小于2kg的早产儿，很容易形成早产儿视网膜病变，甚至有失明的可能。专家建议，必须从早产新生儿出生后4~6周起开始定期检查，如果发现异常，则需适当治疗，才能预防失明。此外，早产儿特别容易合并高度近视、散光或斜弱视多种眼疾发生，因此要特别注意。

7. 屈光不正

包含近视、远视、散光及双眼不等视等多种情况。近视眼睛折射力太强，影像焦点落在视网膜前方，需要戴用凹透镜中和过强的折射力，使影像焦点聚在视网膜上。远视则因眼球折射力不够，影像焦点落在视网膜后方，需要戴用凸透镜增加不足的折射力，使影像焦点聚在视网膜上。散光俗称乱视，同一只眼睛上下、左右不同方向的折射力不同，影像焦点不能同时聚在视网膜上。双眼不等视是双眼折射力不相同，影像焦点不能同时聚在视网膜上，度数比较高的那只眼睛，其影像较不清楚，容易造成弱视。

8. 先天性白内障与青光眼

白内障会产生白色瞳孔或视力不良的情形，一般多以手术治疗。青光眼则会有怕光、流泪、眼压高，进而形成牛眼等症状，可以药物、激光或手术等方式治疗，需按照医师的指示而定。

什么情况下家长要带宝宝检查眼睛

一、出现什么情况要去检查

有下列情况的宝宝应到医院做检查。

（1）宝宝如出现眼红、畏光、流泪、分泌物多、瞳孔区发白、斜视或歪头视物、眼球震颤、不能追视玩具、视物距离过近或眯眼、暗处行走困难，家庭成员中有先天性眼病病史的或宝宝为早产低体重等异常情况，应当及时带宝宝到医院眼科检查眼睛。

（2）健康的宝宝应在28～30天进行首次眼病筛查，分别在3、6、12个月龄和2、3、4、5、6岁健康检查时进行阶段性眼病筛查和视力检查。

（3）斜视和弱视治疗期间的宝宝应按照医生的安排定期复查，以便及时调整治疗方案。

（4）无斜视弱视戴眼镜的宝宝需每半年或一年到医院复查，验光后确定是否调整眼镜。

（5）宝宝眼睛进了异物或眼球受伤时要及时到眼科检查。

二、为什么要及时检查

（1）人类的婴幼儿时期是视觉发育的关键期，这一时期视觉系统、眼球运动系统的发育非常迅速，任何先天的或后天的眼部异常都能够非常容易地干扰或破坏视觉系统的正常发育，导致视力、立体视功能、眼球运动功能发育异常。如果能在婴幼儿时期及时发现相关眼病，及时治疗，则治疗效果越好，对宝宝眼睛发育所造成的损害则会越低。如果未能及时发现和治疗，错过了视觉发育的关键期，治疗效果则会较差，甚至会形成终身视觉发育缺陷。

（2）许多眼病外观是没有异常的，特别是一只眼睛有问题时，因为另一只眼睛是健康的，宝宝能和其他小朋友一样玩耍、嬉闹、看电视、阅读，家长和老师很难发现宝宝眼睛的异常。

（3）无论是婴幼儿还是少年儿童他们的身体在快速发育，同样眼睛也在不断发育，身高增长了，眼睛也有变化。成人可以一件衣服穿许多年，一副眼镜戴很长时间，但宝宝的衣服却是每年都要更换的，因为个子长高了，以前的衣服短了，同样宝宝的一副眼镜也不能一直戴下去，需半年或一年重新验光，调整更换眼镜。

所以家长在发现宝宝眼睛异常时一定要及时带宝宝到医院眼科就诊，如确诊有眼部疾病进行治疗时，需听从医生的嘱咐定期复查，如家长未发现宝宝眼睛异常，也要带宝宝定期到医院眼科进行眼部健康检查。

第八节　爱牙篇

人的一生会有两副牙齿，即乳牙（20棵）和恒牙（32棵），出生的时候颌骨中已经有骨化的乳牙牙孢，但是没有萌出，一般出生后4～6个月乳牙开始萌出，有的孩子会到10个月，这都是正常的，12个月还没有出牙视为异常，最晚宝宝两岁半的时候20颗乳牙会出齐。

一般2岁内计算乳牙的数目约为月龄减去4或6，但乳牙萌出的时间会有很大的个体差异。出牙为宝宝正常的生理现象，这个时候有的宝宝会有低热、烦躁、流口水增多等等情况，这些都是正常的。家长要注意不要和其他疾病引起的发热、烦躁混淆了。

宝宝出牙基本上会有一定的规律，一般是下颌早于上颌，由前往后的原则，最先萌出的一般是下牙的门齿，它的名字是下中切牙，然后是上中切牙，以后挨着中间的门齿会在左右长出一颗颗稚嫩的小牙。

宝宝20棵乳牙的萌出是有顺序的，虽然不一定一层不变，但是也可以作为参照的依据，原则上是左右对称，其中上下颚的第一臼齿，和上下颚犬齿的萌出时间则约略相当。

宝宝长牙阶段营养与辅食的添加

牙齿的好坏会影响宝宝今后的生活，为了宝宝今后能拥有一口漂亮健康的牙齿，妈妈们要根据宝宝不同的长牙阶段，及时添加营养和辅食。

2颗牙阶段

婴儿在4~8个月时，会逐渐长出2颗牙齿。这2颗牙齿位于上下排牙床的中间。妈妈在这个时期可以试着给予宝宝一些半固态的食物，比如马铃薯泥、蛋黄泥和麦片粥等，让宝宝体验由水状饮食到糊状饮食的过度。炖得较烂的蔬菜、去核去茎的水果等，能有效帮助宝宝乳牙萌生及发育，并锻炼咀嚼肌，促进牙弓、颌骨的发育，从而促进宝宝牙龈、牙齿健康发育。

4颗牙阶段

婴儿在8~12个月时，会逐渐长出2颗或者更多的牙齿，这些牙齿位于已长出的上排牙的两侧。随着婴儿的逐渐长大，所需的营养也越来越多，母亲可以准备一些营养丰富的肉类食物，弄成肉末形式，并适当的增加硬度。肉泥、肉末、西红柿、豆腐等都是不错的选择。

6~8颗牙阶段

婴儿长到9~13个月时，上排牙的侧门牙基本已经长出。到13~16个月时，下排牙的侧门牙也会基本萌出。这个时期，婴儿的肠胃消化功能已经日渐成熟，可以适应固态食物的硬度。宝宝在这个时期开始慢慢地适应固体的食物，比如水蒸蛋，稍微磨烂的蔬菜。

8~12颗牙阶段

当婴儿长到一岁半的时候，“破龈而出”的牙齿已达8~12颗。这时，婴孩的牙齿更加有力，宝宝可以吃些有点嚼头的东西，减少液状食物的摄入，增加固体食物，比如软饭、面包、蔬菜、肉片等。

12~20颗牙阶段

当婴孩长到16~20个月的时候，20颗乳牙基本“成功入世”，完成了乳牙系列的全部复出。在这个时候，婴孩可以同大人一样吃主食如米饭、面条、大豆等。

小贴士 固齿食物大盘点

钙： 钙是组成牙齿的重要组成部分，海带、紫菜、蛋黄粉、牛奶和奶制品等含有丰富的钙。

磷： 磷能让婴儿乳牙更加坚固。磷广泛存在于豆类、谷类以及蔬菜等食物中。

氟： 氟能保护牙齿，防止细菌产生的酸侵蚀牙齿。海带、蜂蜜中含氟丰富。

蛋白质： 蛋白质对牙齿的形成、发育、钙化、萌出产生重要的作用。蛋白质广泛存在于各种动物性食物与植物性食物中。

维生素A： 维生素A可以维护牙龈组织的健康。鱼肝油制剂、新鲜蔬菜等食物中含有大量的维生素A。

维生素C： 维生素C有利于牙釉质的形成，新鲜的水果如橘子、柚子、猕猴桃、新鲜大枣等有丰富的维生素C。

维生素D： 缺乏维生素D会造成婴儿牙齿发育不全和钙化不良。鱼肝油制剂，日光照射皮肤可使体内自己合成维生素D。

换牙期常见问题及护理

1. 乳牙滞留

如果宝宝的恒牙已经萌出，乳牙却不肯“让位”脱落，就称为乳牙滞留。乳牙滞留的原因通常有2个，一个是恒牙先天缺失（通过照X线片发现宝宝没有恒牙），导致乳牙到期不脱落。这种滞留的乳牙如果没有松动，也没有龋坏，而且其他恒牙的咬合关系良好的话，是可以保留使用的，因为临床经验表明它到成人期仍能担负咀嚼功能。乳牙滞留的第二个原因是恒牙萌出方向异常，或者萌出不够力，导致乳牙根没有受到恒牙萌出的压迫因而未发生吸收或者吸收不全造成滞留。一般认为，如果宝宝缺钙，或者由于平时咀嚼的食物过于精细而没有充分发挥牙齿的生理性刺激，就容易出现这种情况。

这种情况的后果是宝宝出现“双排牙”，应尽早带宝宝去看牙医，通常是要拔掉乳牙的。

2. 乳牙早失

乳牙早失是指乳牙在恒牙尚未形成的时候提早脱落，会影响宝宝的咀嚼，不利于宝宝对食物的消化吸收，还会造成邻近的牙齿向缺牙空隙移位，使缺牙间隙变小，导致换牙的时候相应的恒牙因为没有足够的空间萌出而错位。

解决办法是预防为主，教育宝宝爱护自己的牙齿，并通过安全教育减少外伤。如果已经发生乳牙早失，就要去看牙医，看是否要戴缺隙保持器。

3. 乳恒磨牙龋齿

宝宝换牙期间乳恒磨牙容易患龋齿病，因为乳牙与恒牙共存，作为体积大、咬合面窝沟多的磨牙常常滞留食物残渣，宝宝刷牙又往往不够彻底，不容易把磨牙清洁干净。解决办法是教宝宝提高刷牙技巧，或者在比较重要的时期由父母亲自帮宝宝刷牙。龋齿会引起根尖病，影响继发恒牙的生长，需要高度重视，如果已经发生龋齿，就要看牙医了。就算只是乳磨牙患龋齿，也要及时医治，不能认为乳牙迟早要换而不去理会，那样会影响恒牙的萌出和生长。

4. 牙齿错位咬合

宝宝换牙期间，除了牙齿替换以外，颌骨也在发育，慢慢地就建立了咬合关系。乳恒牙交替时期，牙齿的排列常常不是那么好看的，会有歪斜的情形，恒牙也很少一步到位长到该长的位置，医学上称为暂时性错位咬合，家长们不必担心，因为人体的牙齿有排列整齐的倾向，会在牙齿发育的过程中自行调整而令错位恢复正常，即使需要矫正，也通常是在乳恒牙交替完成以后才能进行的。但是如果出现牙齿无法自行调整的错位咬合（这个要由牙医来诊断），就要及时诊治，以免影响宝宝的容貌。

5. 多生牙

俗语“贼牙”，就是不受欢迎多长出来的牙，父母亲要随时留意，如发现可疑牙齿要及时看牙医，确定是否多生牙，如果未能及时铲除多生牙，会影响正常恒牙的萌出。

6. 门牙间隙

宝宝长出的上下中切牙（门牙）之间往往会有空隙，有的甚至呈“八”字形，通常情况下，等宝宝长了侧切牙以后间隙就会自然消失，不必担心。当然也有少数的例子，是由于两颗门牙之间存在多生牙而导致门牙间隙，这个要通过照X线片检查确定后拔除多生牙来解决。

7. 虎牙

恒尖牙最晚萌出，萌出时可能会因为前牙区牙槽骨的地盘被其他牙齿占据了，只能偏唇侧长出，形成虎牙。要注意的是，虎牙不能轻易拔除，因为尖牙是全口牙齿中牙根最长最粗壮的，它对食物的撕裂作用独一无二，如果没了它，孩子的咀嚼力下降，将来可能吃不了排骨甘蔗之类的东西。如果需要矫正，医生也会选择拔掉第一或第二双尖牙来达到矫正的目的，家长千万不要为了好看而擅自处理。

牙列生长的保健与护理

牙按照一定的顺序、方向和位置排列成弓形，称为牙列（或牙弓），上颌者称为上牙弓（列），下颌者称为下牙弓（列）。牙列生长分为3个阶。

一、乳牙列阶段（出生6个月～6岁）

乳牙是幼儿的咀嚼器官，可以促进颌骨和牙弓的发育。保持颌骨和牙弓正常发育是使恒牙能够正常排列的条件之一。充分地咀嚼，不仅可以将固体食物嚼碎，并能放射地刺激唾液分泌增加，有助于食物的消化和吸收。因此，维护乳牙的健康完好是这一阶段的主要内容。认为乳牙是暂时牙，将来要替换而不重视乳牙的观点是错误的。

这一阶段是乳牙龋齿开始患病和逐年增加的时期。早发现、早治疗是避免龋病继续发展成为牙髓病或根尖周病的重要措施，也是防止乳牙早失造成恒牙错颌畸形的步骤。

预防保健措施：

（1）2岁前的小儿可由父母使用小纱布蘸温水帮助清洁口腔卫生。

（2）2岁后的孩子趋向于在父母的帮助和指导下自己刷牙。

（3）3～6岁是儿童心理发展极为重要的时期。应该培养他们建立良好口腔卫生习惯，正确掌握刷牙方法，使用少量含氟牙膏（黄豆大小）。父母的示范作用很重要。

（4）氟化物的应用。氟化物涂布于牙面，能增强牙质的抗酸度，对龋损的再矿化有促进作用，并且抑制细菌的产酸作用。一般每年做1～2个疗程。

（5）窝沟封闭剂的应用。对乳磨牙的窝沟较易患龋的部位予以封闭，能起到较好的防龋作用。

（6）坚决纠正口腔不良习惯，如吮指习惯、吐舌习惯、咬唇习惯、偏侧咀嚼习惯和咬物习惯等，以免造成颌骨和牙列发育的畸形。

（7）6岁左右儿童乳牙开始脱落，恒牙逐渐萌出，此时可能发生疼痛、牙龈水肿、不舒服等症状，应及时找医生检查处理。

（8）积极与口腔医生联系配合，定期组织对儿童进行口腔检查。

二、混合牙列阶段（6～12岁）

此阶段从恒牙开始萌出，乳牙依次脱落，到乳牙被完全替换完毕。这个阶段，口腔内既有乳牙，也有恒牙，这是颌骨和牙弓主要生长发育期，也是恒牙建立咬合关系的关键时期。预防错殆畸形，早期矫正、诱导建立正常咬合是这一时期的重要任务。

这个时期的儿童既处于易患龋时期，又处于龈炎发病的高峰时期，牙龈出血，炎症性肿大。因此，早期防止恒牙龋，预防和彻底清除牙菌斑与牙石，保持口腔卫生，促进牙周组织的健康是这个时期主要任务。

预防保健措施：

（1）掌握正确的刷牙方法，坚持良好的口腔卫生习惯。

（2）定期进行口腔健康检查，至少每年一次。做到早发现、早治疗，防止病损的扩大。口腔检查的基础上，有组织有计划地及时治疗。

（3）氟化物的应用。

（4）窝沟封闭剂的应用。

（5）坚决纠正口腔不良习惯。

（6）换牙期间可能发生疼痛、牙龈水肿、不舒服等症状，应及时找医生检查处理。

三、年轻恒牙列阶段（12～15岁）

此阶段全部乳牙被替换完毕，除智齿外，全部恒牙均已萌出。第一恒磨牙由于在恒牙中萌出最早，又由于解剖形态的特点，患龋概率高，龋损也较严重。第二恒磨牙虽在12岁以后萌出，龋病的发生率也很高。

预防保健措施：同混合牙列期阶段。

宝宝牙刷的选择和保养

宝宝长乳牙后，应养成良好的刷牙习惯，同时，为宝宝选择牙刷也是十分重要的事情。

一、宝宝牙刷的选择

1. 刷毛软硬适度

宝宝牙刷的刷毛是最重要的，要软硬适度。如果刷毛过硬，会损害牙齿的牙釉质和牙龈，牙釉质被损坏后会使牙齿偏黄；牙龈如果接触硬物，容易出血，更严重的是会影响牙床的发育，造成牙齿生长畸形。

2. 刷头要小

多大的牙齿配多大的刷头。宝宝的牙齿非常小，口腔开合度也小，不能使用太大的刷头。小小的刷头才能方便伸进宝宝口腔内部，才能灵活地将每一个位置的牙齿都刷洗干净。

3. 牙刷手柄的选择

现在很多牙刷的手柄都是软的，虽然刷起来比较轻松，但是不适合宝宝使用，因为宝宝没必要在刷牙的时候偷懒，用硬的牙刷能够锻炼宝宝的手臂肌肉和手腕的灵活度。

4. 不要选择电动牙刷

电动牙刷虽然方便，但是不一定能够清洁干净。孩子需要先了解怎样刷牙、牙齿怎样才能清洁干净等等这些内容之后，才能使用电动牙刷。

5. 牙刷的放置

牙刷需要竖直放置，便于将牙刷上的水沥干，防止滋生细菌。同时宝宝的牙刷不能和家长的牙刷放在一起，因为家长的牙刷上面可能携带细菌，牙刷靠在一起是传染细菌的最快方式。不管怎么样，宝宝的牙刷都要4个月换1次，这样才能保证牙刷的清洁无菌。

二、宝宝牙刷的日常保养

1. 按时给宝宝更换牙刷

应该每个月给宝宝换一个牙刷，以免因使用时间过长而积聚太多的细菌，而且刷毛卷曲也容易擦伤齿龈，同时也不能刷净牙齿。最好使用具有使用时限显示剂的牙刷，因为有时刷毛虽然未卷曲，但已经需要更换了。

2. 减少宝宝牙刷上的细菌

牙刷用完后，要彻底冲洗干净，最好用牙刷消毒器进行消毒。然后，将刷头向上放入漱口杯中，放在房间干燥通风的地方。这样，即可减少细菌在刷头上生长的机会。

3. 牙刷的保养

每次刷牙后，牙刷应用流动的水冲洗。因为牙膏、食物残渣及细菌都会黏附在牙刷上。如果不彻底清洗牙刷，下一次刷牙时没有得到清理的细菌又重新回到口腔中去了。牙刷在2次使用之间必须保持干燥，否则细菌会在潮湿的环境中繁殖。

宝宝定期做牙齿健康检查，可以达到有病早治、无病预防的目的，特别是口腔健康检查更有其重要意义。

因为口腔疾病多属慢性病，早期多数缺乏自觉症状，容易被忽视。一旦出现症状，如疼痛、肿胀等，往往病况较重，有碍身体健康，所以必须通过定期的口腔健康检查达到早期发现的目的。具体的时限标准，应根据需要和客观条件决定。一般0~5岁的小儿每隔2~3个月检查一次，6~12岁的儿童每隔半年检查一次，12岁以上的儿童，可以每年检查一次。

儿童牙齿的定期检查，要靠家长和社会两个方面。家长要定期带孩子到医院检查，医院可以牙病普查小组，深入到幼儿园和学校，定期检查儿童牙病，将普查结果造表登记，作为制订牙病防治的依据。

随着口腔卫生保健制度的不断完善，各种牙病的发病率在儿童时期就能够得到控制，这对生长发育旺盛的儿童健康，有着十分重要的意义。

检查的内容：

（1）牙齿萌出质量好不好。

（2）牙齿萌出的数量与年龄是否相符。

（3）萌出的牙齿排列是否畸形。

（4）牙颌、面部是否畸形。

（5）口腔卫生习惯如何。

（6）预防措施是否到位。

第九节　睡眠篇

早产儿需要长时间的睡眠，以追赶上正常婴儿的成长，因此，良好的睡眠对早产儿的生长发育非常重要。

早产儿出生后一般都要在医院护理较长时间，达到出院标准后才会出院回家。刚回家时，由于宝宝已习惯医院的环境，加之无昼夜生理期，可能会影响宝宝的睡眠质量，等宝宝完全适应了新的环境就会逐渐变好。

随着正常的生长发育，宝宝逐渐会增加晚上的睡眠时间，减少白天的睡眠时间，这时可以开始教他们区分白天和夜晚，如在白天给孩子喂奶的时候，要多同他说话，让他多保持清醒，要让整个气氛轻松愉快。而到了晚上，要尽量将声音放低或保持安静，并将灯光调低。最终他会开始明白在白天应该多玩玩，在晚上的时候多睡些。

睡眠周期

婴儿的睡眠周期约60~90分钟，每个周期包括以下几个阶段。

1．睡眠期

（1）安静睡眠状态（深睡）： 婴儿的面部肌肉放松，眼闭合着。全身除偶尔的惊跳和极轻微的嘴动外，没有其他的活动，呼吸是很均匀的。小婴儿处于完全休息状态。

（2）活动睡眠状态（浅睡）： 眼通常是闭合的，仅偶然短暂地睁一下，眼睑有时颤动，经常可见到眼球在眼睑下快速运动。呼吸不规则，比安静睡眠时稍快。手臂、腿和整个身体偶尔有些活动。脸上常显出可笑的表情，如做怪相、微笑和皱眉。有时出现吸吮动作或咀嚼运动。在觉醒前，通常处于这种活动睡眠状态。以上两种睡眠时间约各占一半。

2．转换期

瞌睡状态： 通常发生于刚醒后或入睡前。眼半睁半闭，眼睑出现闪动，眼闭合前眼球可能向上滚动；目光变呆滞，反应迟钝；有时微笑、皱眉或噘起嘴唇；常伴有轻度惊跳。当小婴儿处于这种睡眠状态时，要尽量保证他安静地睡觉，千万不要因为他的一些小动作、小表情而误以为“婴儿醒了”“需要喂奶了”而去打扰他。

3．睡醒期

（1）安静警觉期： 已醒来，但少有四肢活动，呼吸规则，对外界注意力较集中，是亲子互动最佳时间。

（2）活动警觉期： 肢体活动多，呼吸不规则，易哭泣，睁眼，内在需求增加（如饥饿时，需开始喂食）满足后，才适合亲子互动。

睡眠时间

每个孩子睡眠时间的个体差异很大。有些宝宝会一次睡很久，有的则精神头大，不愿意睡很久；早产的宝宝，因为成熟度比足月的低，所以需要睡眠的时间更长。

一般来说，随着月龄变大，睡眠的时间就会变短，新生宝宝每天的睡眠时间大约有20个小时。2个月的婴儿每天睡眠约18个小时，4个月时每天约睡16个小时，9个月时约15个小时，1周岁左右，有13~14个小时就可以了。到5岁的时候可能是11~12小时左右，到7岁一般就是10~11小时，这是一个基本的规律。

其实父母也不必太教条，太强求与书上一致，只要孩子吃得好，精神状态佳，体重、身高等各项监测指标正常，那么即使睡的时间达不到一般的要求也不用太担心。

睡眠习惯的培养

宝宝如何培养良好的睡眠习惯，家长应注意如下几个方面。

（1）睡眠环境必需安静和较暗，室温舒适，不过热。

（2）严格实行入睡、起床的时间，加强生理节奏周期的培养。

（3）卧床时要吃饱，避免饥饿，上床时或夜间不宜饮水过多，使用吸水力好的纸尿裤，以免因要小便而扰乱睡眠。

（4）小儿最好单独睡小床。研究证明，小儿单独睡比和母亲同床睡能睡得更好。小床可放在大床旁边，便于照料。

（5）使小儿学会自己入睡，不要抱、拍、摇或含着奶头入睡。

（6）睡眠前1～2小时避免剧烈活动或玩得太兴奋。

（7）白天睡眠时间不宜过多。

（8）如果入睡有困难，可在睡前洗温水澡，按摩帮助入睡。

宝宝不良睡眠的常见原因及处理

1. 宝宝不良睡眠的常见原因

（1）生病，如发热、腹痛所引起的睡眠障碍。

（2）房间环境不佳，如太冷、太热或太亮导致孩子哭醒。

（3）对睡眠产生恐惧。

（4）睡前活动太激烈或吃太多东西。

（5）午睡睡太多。

（6）父母本身有晚睡习惯，也造成孩子睡眠时间不固定。

2. 孩子不良睡眠习惯的解决办法

（1）睡前做一次检查，可摸摸孩子额头、手脚、尿布，确定孩子身体状况。

（2）改善房内环境，夏季，房间内，一般维持在25~27℃，在睡前就调节好室温。平日保持房内空气畅通，不要盖太厚被子或穿过多衣物睡觉。

（3）如果怕黑，可在房里留一盏灯，将孩子抱在怀中，陪孩子入睡，培养愉快情绪。

（4）睡前避免活动量大的兴奋游戏，不说可怕的故事，情绪平稳有助于入睡。

（5）睡前不吃油腻、难消化食物。父母由于工作关系，有吃夜宵的习惯，也间接养成孩子吃夜宵。饱餐之后不但难以入眠，胃部刚接纳食物，促使血液集中至胃部，此时入睡不仅食物尚未消化，更容易使幼儿发生腹部不适情形。

（6）营造愉快的睡眠气氛，如在旁边说故事给孩子听、播放轻柔音乐、调整灯光等。

（7）养成有规律的生活习惯，不要让大人的生活影响孩子。

（8）亲吻孩子脸颊，让孩子感觉妈妈的爱，愉快地入睡。

1. 哄睡

当宝宝哭闹或睡不安时，你会不会将宝宝抱在怀里，或放入摇篮中不停地摇晃，直到宝宝入睡为止？

危害：摇晃会使宝宝未成熟的大脑与坚硬的颅骨相撞，造成小血管破裂，颅内出血，造成“摇晃婴儿综合征”，宝宝表现为痫病、智力受损、肢体瘫痪、弱视或失明，严重的还会引起脑水肿、脑疝而死亡。这种情况多发生于3

岁以下的宝宝。

正确做法：让宝宝入睡可以轻轻地拍拍他的背，避免拥抱摇晃。

对不愿入睡而哭泣的宝宝，你可以坐在他的床边，握着他的小手，直到他入睡。

过几天后，你与宝宝保持一定距离，让他看得到你，以后再停留较短的时间，让宝宝慢慢适应单独入睡。

2. 陪睡和搂睡

因为不放心宝宝单独睡觉，所以你会陪着宝宝一起睡吗？或者陪睡仍不放心，还要搂着宝宝睡？

危害：陪睡稍不注意就可能压住小宝宝，发生意外。长期陪睡还会使宝宝养成“恋母”心理，即使上了幼儿园也很难与妈妈分离。

搂睡则更增加了发生意外的机会，被搂睡的宝宝吸不到新鲜空气，吸入的是妈妈呼出的二氧化碳，很容易致病。还可能养成宝宝醒来就要吃奶的坏习惯，从而影响了宝宝的消化功能。

正确做法：当宝宝一出生，就应积极地鼓励他独自入睡，并养成习惯，即使新生宝宝也不应与妈妈同睡。在你的床边可放一张小床给宝宝睡，这样，分开睡也能照顾到宝宝。

3. 俯睡

如果宝宝喜欢趴着睡，你会在意吗？

危害：国外已有资料证明，俯睡的宝宝容易发生“婴儿猝死综合征”，这是因为小婴儿不会自己翻身，也不会主动避开口鼻前的障碍物，容易使口鼻阻塞而缺氧窒息。

正确做法：宝宝仰睡最安全，使呼吸道通畅无阻。对于刚吃完奶的宝宝可采取右侧位睡，若有吐奶也不会呛入气管内。如果发现宝宝俯睡，要及时帮宝宝调整姿势，以防意外。

4. 裸睡

在夏季，为了宝宝凉爽入睡，你会让宝宝光溜溜地一丝不挂吗？

危害：宝宝体温调节较差，夏季半夜里会有些凉，宝宝腹部一旦受了凉，会使肠蠕动亢进，导致腹泻。

正确做法：夏季最好不要让宝宝裸睡。正确的做法是用一条毛巾盖在宝宝的胸腹部，或系个小肚兜，以防着凉。

5．开灯睡

你会为了方便给宝宝喂奶、换尿布而将室内通宵开灯吗?

危害：宝宝对周围环境的调节能力较差，若室内通宵亮着灯，改变了人体适应昼明夜暗的自然规律，会影响生长激素在夜间的分泌高峰，使身高增长减慢。夜亮也会使褪黑激素分泌减少，睡眠易惊醒。据调查，经常开灯睡的宝宝，近视眼发病率高达40%以上。

正确做法：晚上尽量不要开灯，在喂奶或换尿布时，可开一下床旁小灯，完事后立即关灯。

6．含着乳头睡

含着乳头睡觉，宝宝醒后就会吮吸乳头吃奶。

危害：这种没有规律的进食方式，容易使宝宝的胃肠功能紊乱而发生消化不良；再者，宝宝呼吸不畅，导致睡眠不安，甚至可能引起窒息；而且，还会影响宝宝牙床的正常发育，易生蛀牙。

正确做法：不要让宝宝含着乳头睡觉，这不仅会影响宝宝睡眠，对宝宝口腔卫生，口腔结构的成长发育都不利。

7．晚睡

一些家长有晚睡的习惯，受其影响，宝宝也养成了晚睡的习惯。

危害：由于生长激素的分泌高峰是在夜间22点～24点，如果晚睡，宝宝体内的生长激素的分泌势必减低，身高便会受到影响；晚睡还会造成睡眠不足，影响正常的生活。因此，你应该以身作则，培养宝宝早睡早起的好习惯。

正确做法：每日让宝宝尽早入睡，长期坚持可以养成早睡的好习惯。

第十节　抚触篇

婴儿抚触是近年来兴起的一项婴儿健康护理技术，通过对婴儿全身各部位肌肤进行科学的、有规则的、有次序的、有手法技巧的抚触，以刺激宝宝感觉器官的发育，增进宝宝的生理成长和神经系统反应，并增加宝宝对外在环境的认知，在抚触的过程中，还能加深亲子之间的浓厚感情。

婴儿抚触的作用

每天给新生婴儿进行科学和系统的抚触，可以非常有效地促进婴儿的生理和情感发育，并改善婴儿睡眠状况，提高机体的免疫力。

1. 促进神经发育

当代神经解剖学和生理学认为，怀孕第8周时，胎儿大脑皮层开始生成，出生时细胞分裂成形，婴儿在常规的生活环境中，大脑的各部分神经细胞以一般速度发育，外界刺激越频繁，大脑神经细胞发育速度越快。但如果未受到刺激发育就要终止，因此，婴儿期抚触可刺激大脑中枢神经系统的发育。研究表明，抚触可减少或避免神经系统后遗症的发生，可提高婴儿的智力及促进婴儿心理等各方面的发育。

2. 促进体格发育

通过抚触刺激皮肤体表感受器而兴奋迷走神经，一方面使机体胃肠活动增加，胃泌素分泌增加，刺激胃酸分泌，促进其消化和吸收，使婴儿体重增加；另一方面是经络作用于下丘脑–垂体功能，使经气通过按摩手法的反馈调节，渐渐有序化，当机体进入高水平平衡状态时，机体内部产生的中枢神经调节和内分泌调节，促进了与生长发育相关激素的分泌，如垂体生长激素、促肾上腺皮质激素和甲状腺素T_4以及胰岛素，这些激素直接调控机体的生长发育，使机体处于更理想的生长发育状态。

3. 提高免疫力

婴儿期，皮肤特点薄嫩，屏障功能不够完善，而且免疫系统在生后4~6岁逐渐发育接近成人，而生后6个月从母体获得的免疫球蛋白IgG逐渐下降至消失，所以在婴儿期免疫力较为低下，只单纯从母乳中获得sIgA，抗病能力极为有限。而婴儿抚触能有效地提高其免疫力，研究显示，接受早期抚触的婴儿自然杀伤细胞的活性增强，机体免疫力提高；另外婴儿体内具有较低水平的应激激素以及较高水平的5–羟色胺，5–羟色胺既是神经递质，又是免疫细胞，它影响大脑海马回的受体活性和增加糖皮质受体的结合能力，因此有助于减轻或终止应激反应，平定婴儿烦躁情绪，使睡眠增加，减轻婴儿焦虑和抑郁状态，哭闹减少增强安睡状态，婴儿在获得深沉睡眠后，免疫力亦会随之提高。

4. 促进肠胃蠕动

宝宝喂奶后常见的腹胀、打嗝的现象，传统方式常以手拍背部20~30分钟，但研究发现，如果对宝宝作腹部按摩约3~5分钟，以顺时针方向、与肠胃消化方向一致，有助于宝宝的肠胃蠕动，较传统拍背的方式更为有效。有研究表明抚触可使新生儿的黄疸指数降低及降低高胆红素血症的发生，可缓解新生儿便秘，增加消化功能。

5. 帮助睡眠品质

新生儿常有睡眠周期不固定、夜晚容易惊醒的情况，经各项医学研究发现，这些困扰都可以借抚触婴儿和按摩获得有效的改善。因为通过对婴儿的触摸，可刺激血液中“褪黑激素”浓度升高，帮助婴儿建立睡眠周期，调节日夜周期性韵律。

6. 有助情绪稳定

宝宝脑部的发展在胎儿期早已开始，触觉则是最早发展的感觉器官，胎儿在妈妈肚中时已会吸吮手指，如果母亲有严重的压力困扰，胎儿吸手指的比例会增高，胎儿明显借吸手指的肌肤触觉，舒缓和减轻自己的压力。触摸按摩可以刺激神经末梢的感受器，引起神经冲动，经由脊髓传到脑部，让人产生松弛舒畅的感受，所以通过触摸，不但可以刺激孩子的感觉器官，更能够调节情绪反应，达到平衡状态。

7. 刺激听觉视觉

父母亲在触摸孩子时，除了肌肤的感觉之外，可以和孩子说话或唱歌给孩子听，宝宝在感受抚触的愉悦时，也能够专注聆听和观察父母的表情声音，同时接触到听觉和视觉的刺激。

8. 增进亲子情谊

现在的双薪家庭和小家庭非常普及，亲子之间的互动明显减少，以英国的经验来说，对于家中有新生儿的家庭，当地政府积极训练父母做婴儿按摩，许多爸爸妈妈都表示，给宝宝做按摩是非常愉快的，感觉孩子也很喜欢。每天10~20分钟触摸宝宝的肌肤，是增进亲子情谊最好的方式。

9. 益于产妇恢复

抚触不但有益于婴儿健康的发育，同时也有益于产妇产后恢复。产妇抚触婴儿增加了产妇的活动量，促进身体早日康复；另一方面，抚触婴儿后摄奶量增加，使吸吮的频率及强度增加。有利于下丘脑分泌和释放缩宫素，促进子宫收缩，使子宫残余的蜕膜及时排出，减少了产后出血。使子宫复旧快，产后浆液性恶露排出时间比对照组明显提前。同时，产妇给婴儿进行抚触，有利于提高产妇的睡眠质量，促进乳汁的分泌。

抚触的准备

1. 时间选择

洗完澡后、午睡或晚上睡觉前、两次进食中间或宝宝情绪稳定时，都比较适合给宝宝进行抚触。注意：进行抚触时要确保宝宝处于清醒状态，而且不能选在刚吃饱或肚子饿的时候。

2. 环境准备

（1）抚触时应注意室内温度最好在28℃以上，全裸时，应在可调温的操作台上进行，台面温度36~37℃左右。

（2）可以播放些柔和的音乐使妈妈宝宝都放松下来，听听音乐，舒缓左右脑，可以给宝宝唱唱儿歌，增强他对音乐的敏感性。

音乐可帮助宝宝右脑发育。现代脑科学证明，人的左脑是逻辑的、语言的脑，而右脑是感受的、音乐的脑。缄默无言的右脑洋溢着情感的波澜和创造的欲望与活力。宝宝学会说话之前，优美健康的音乐能不失时机地为新生儿右脑的发育增加特殊营养。

3. 物品准备

柔软毛巾或纱巾、尿片、替换的衣物、婴儿按摩油或按摩乳液等。

4. 妈妈准备

（1）要摘下手表、手镯、手链、戒指等物品，并要注意修剪指甲，以防擦伤宝宝，同时要洗净双手。

（2）取适量婴儿按摩油或按摩乳液于掌心，轻轻摩擦以温暖双手，并增加抚触时的润滑度。

5. 姿势准备

以选择与腰部平行的固定台面进行抚触，或用“摇篮”的姿势，即妈妈坐在地上或床上，双腿伸长，背靠墙或家具，双膝微弯向外，脚尖互相接触，中间形成“摇篮”状，用被褥垫高，将宝宝放在正中，使宝宝感到安全又温暖，若宝宝头部靠在脚跟，双方目光可保持接触。

抚触的方法与步骤

目前已经形成系统规范的新生儿抚触有3种。

1. 国际标准法（COT）

新生儿全身裸露，室温28～30℃，在安静、舒适、温馨的环境下按操作标准顺序从头面部、胸部、腹部、四肢、手足、背部抚触；力量由轻到重，并揉搓大肌肉群。

2. 国内改良简易法（MDST）

在COT的基础上对婴儿头部、腹部、背部、手腕与踝部进行改良按摩。

3. 国内改良简易加经络按摩法（MDSTAC）

即在改良简易法的基础上增加了中医经络中的脾经和肾经的按摩。

目前我国常用的新生儿抚触的基本步骤和手法：

步骤一　头面部

★取出适量婴儿油，将手搓热；

★从前额中心处用双手拇指往外推压，画出一个微笑状；

★重复6个节拍；

★在人中、下巴处重复上述动作。

作用：舒缓脸部因吸吮、啼哭及长牙造成的紧绷。

步骤二　胸部

★双手放在两侧肋缘；

★右手向上滑向宝宝对侧肩膀；

★复原；

★左手以同样方法进行，在胸部划成一个大的交叉；

★重复6个节拍。

作用：顺畅宝宝的呼吸。

步骤三　腹部

★在宝宝腹部以顺时针方向抚触，注意要在宝宝下腹（右下方）结束动作才对；

★重复6个节拍；

★用右手在宝宝左腹由上向下画一个英文字母“I”；

★由左到右划一个倒的“L”；

★由左向右划一个倒写“U”；可同时用关爱的语调跟宝宝说“I Love U”。

作用：加强宝宝排泄功能，有助排气舒解便秘。

步骤四　手部

★挤捏：①让宝宝双手下垂，用一只手捏住其胳膊；②从上臂到手腕部轻轻挤捏；③用手指抚触手腕；④用同样的方法抚触另一只手。

★揉搓：①双手夹住小手臂；②上下搓滚，并轻拈宝宝的手腕和小手；③在确保手部不受到伤害的前提下，用拇指从手掌心抚触至手指，并捏拉手指各关节。

作用：让宝宝的手臂更加灵活。

步骤五　腿部

★挤捏：①抚触宝宝的大腿、膝部、小腿；②从大腿至踝部轻轻挤捏。

★抚触：抚摸脚踝及足部。

★搓滚：①双手夹住小腿，上下搓滚；②轻拈宝宝的脚踝和脚掌；③用拇指从脚后跟抚触至脚趾。

作用：让宝宝的小腿更强壮。

步骤六　背部

★让宝宝趴下；

★双手平放在宝宝背部，以脊柱为中分线，双手与脊椎成直角；

★往相反的方向重复移动双手，从颈部向下抚触；

★用指尖轻轻抚触脊柱两边的肌肉；

★再次从颈部向底部迂回运动。

作用：在抚触中舒缓宝宝一直平躺受力的背部。

抚触的注意事项

抚触应注意：

（1）在脐痂未脱落前不要对腹部进行抚触。

（2）抚触者双手要温暖、光滑、指甲要短、无倒刺，不要戴首饰。

（3）抚触时不要强迫宝宝保持固定姿势。

（4）留心宝宝的反应，如果他哭了，先设法让他安静下来再继续抚触；如果他哭得厉害就要停止抚触。

（5）胸部抚触交叉的时候，要避开宝宝的乳头，避免刺激。应在双乳之间划过。还可在宝儿的肩头轻捏一下。

（6）所谓心灵手巧，即手发育好了，大脑的开发也相应好。所以小手的抚触可以详细到每个手指的正反面和侧面，这样可以促进宝儿的精细动作发育，从而促进智力发展。

（7）腹部抚触一定要顺时针，因为顺应肠的蠕动方向。若宝宝腹泻，可反向抚触按摩。

（8）四肢可滚动式搓捏，动作要轻柔。

（9）若宝儿多病，背部抚触是可适当增加脊柱两侧上下滑动和按摩。

第十一节　黄疸篇

医学上把未满月（出生28天内）新生儿的黄疸，称之为新生儿黄疸，新生儿黄疸是指新生儿时期，由于胆红素代谢异常，引起血中胆红素水平升高，而出现于皮肤、黏膜及巩膜黄染为特征的病症，分为生理性黄疸和病理性黄疸。

早产儿黄疸的危害

早产儿黄疸是体内胆红素浓度高的结果而胆红素主要是红细胞的代谢产物，当红细胞老化破坏时，血红素就会游离出来，经代谢后产生胆红素。胆红素通过血液运送到肝脏，经肝脏的代谢后，由胆管排泄于肠内。当上述的代谢路径发生问题，造成血中胆红素的堆积，就会形成黄疸。

生理性黄疸不属于疾病，属于新生儿时期的一种特殊状态，对孩子健康没有影响。病理性黄疸属于疾病状态，如果血中胆红素特别高，发生核黄疸，会影响孩子的智力发育、肌张力和运动能力，即核黄疸会留有后遗症，应积极治疗。病理性黄疸多于生后24小时出现，黄疸值高（早产儿大于15mg/dl），持续时间长，且可能退而复现。另外，某些疾病如新生儿肝炎、败血症、新生儿溶血病、胆道闭锁及某些遗传代谢性疾病均可使黄疸消退延迟或加重。

早产儿黄疸的原因

对于早产儿而言，黄疸问题较足月儿严重许多，原因如下。

（1）早产儿一般会有较高的胆红素值（可能和肝脏发育较不成熟有关）；

（2）早产儿的黄疸较不易消退（常延至10多天后才消退）；

（3）造成早产的原因也常是造成新生儿黄疸的原因（如胎儿的先天性感染）；

（4）早产儿常发生新生儿窒息、败血症、呼吸窘迫综合征、颅内出血等合并症，这些情况将使黄疸加剧；

（5）早产儿的高胆红素较易造成核黄疸。

黄疸的判断及处理

1. 黄疸类型的判断

生理性黄疸在出生后2～3天出现，4～6天达到高峰，7～10天消退，早产儿持续时间较长，黄疸色不深，除有轻微食欲不振外，无其他临床症状。若生后24小时即出现黄疸，2～3周仍不退，甚至继续加深加重或消退后重复出现或生后1周至数周内才开始出现黄疸，均为病理性黄疸。

2. 黄疸患儿的家庭护理

（1）婴儿出生后就密切观察其巩膜黄染情况，发现黄疸应尽早治疗，并观察黄疸色泽变化以了解黄疸的进退。黄疸是从头开始，从脚开始退，而眼睛是最早变黄、最晚退的，所以可以先从眼睛观察起。如果不知如何看，专家建议可以按压身体任何部位，只要按压的皮肤处呈现白色就没有关系，是黄色就要注意了。

（2）注意观察婴儿的全身症候，有无精神萎靡、嗜睡、吮乳困难、惊惕不安、两目斜视、四肢强直或抽搐等症，以便对重症患儿及早发现及时处理。

（3）密切观察心率、心音、贫血程度及肝脏大小变化，早期预防和治疗心力衰竭。

（4）注意保护婴儿皮肤、脐部及臀部清洁，防止破损感染。

（5）给宝宝充足的水分：判断液体摄入是否充足的办法是看新生儿的小便，一般正常的宝宝一天6~8次小便，如果次数不足，有可能他的液体摄入不够，小便过少不利于胆黄素的排泄。

小贴士　急需返诊的情况

宝宝看起来愈来愈黄，精神及胃口都不好，或者体温不稳、嗜睡，容易尖声哭闹等状况，都要去医院检查。

第十二节　喂药篇

儿科用药的原则是能口服用药的不采取肌内注射用药；能够肌内注射给药的不采取静脉输液给药。因此口服喂药是治疗疾病的第一选择。但是由于宝宝年龄小，药物或多或少带有苦味或者其他宝宝不喜欢的味道，对于偏好甜味的宝宝来说，这些异味的药物确实不受宝宝的欢迎，甚至拒绝、反抗，因此造成不少的宝宝喂药困难，使得疾病不能很快地进行治疗，往往贻误病情，对此父母颇感头痛或无奈。

儿科用药与成人有着显著不同的特点，小儿绝不是缩小的成人版。由于小儿的各个器官处于未完全成熟还在继续不断发育时期，尤其是肝、肾、血液以及消化系统发育不完善，用药不当很容易对身体的损害，甚至是一些不可逆的伤害；小儿由于的新陈代谢旺盛，药物在身体中吸收、分布代谢和排泄的过程比成人快；小儿体液含量比例较之成人高，但是对于水、电解质代谢的调节功能差，因此对于影响水、电解质代谢的药物更加敏感，较成人更易于引起中毒。因此家长需要向医生进一步了解药物的性能、作用、原理、吸收、代谢和排泄以及适应证、不良反应以及禁忌证，做到合理用药，正确喂药，尽量减少患儿的痛苦以及家长的负担，达到满意的治疗效果。

目前供儿童使用的药物多以液体或者颗粒制剂为主。此外，还有滴剂、混悬剂、咀嚼片、泡腾片剂以方便患儿口服。为了减少药物的不良味道，多采用糖浆或者加入甜味剂和香味剂的制剂或者包以糖衣以增加宝宝的喜好，达到安全、顺利口服药物的目的。为了孩子依从性，还开发了一些半衰期（半衰期一般指药物在血浆中最高浓度降低一半所需的时间）。半衰期长的药物，可以每天吃1次或者2次的药物，减少了喂药时的困难。为了让孩子更好的接受药物，家长最好选择宝宝易于接受的药物剂型或者半衰期比较长的药物。

1. 按小儿体重计算

婴儿6个月前体重估计：月龄×0.6+3（kg）或者出生时体重（g）+月龄×700g。

7~12个月体重估计：月龄×0.5+3.6（kg）或者6000g+月龄×250g；

1岁以上体重估计：年龄×2+7（kg）或者+8（kg）（城市）；

药物剂量（每日或者每次）=药物/kg×估计的体重（kg）。

2. 按体表面积计算

此法认为相对准确、科学性强，但是新生儿不适合使用体表面积计算药量。对于婴幼儿可以采用下列公式计算出体表面积：

体表面积（m^2）=0.035（m^2/kg）×体重（kg）+0.1（m^2）（此公式仅限于体重在30kg以下者）；

小儿剂量=成人剂量×小儿体表面积/成人体表面积（1.73 m^2）。

喂药的时间要严格地遵照医生的医嘱或者药品说明书的使用时间。每

种药物进入体内后，绝大多数借助血液到达作用部位或受体部位，并达到一定浓度才能达到治疗效果。一般来说药物作用的强度与药物在血浆中的浓度成正比，药物在体内的浓度随着时间而变化。只有维持药物在血液中的一定浓度对于治疗疾病才能有效。大多数药物的治疗和毒性（不良反应）作用的强度都取决于作用部位或受体部位药物浓度，而药物到达作用部位的浓度与血药浓度直接有关。所以对于使用的每一种药物医生都会明确告诉你口服药物的时间，才能保证药物在血液中有效的治疗浓度，达到治疗的目的。尤其是一些抗生素的服药时间要严格遵照医嘱和药品说明书进行服用，以迅速达到有效血药浓度，这样才能制约或杀灭细菌，控制病情的发展。

例如：医生告诉家长，此药需要每天吃3次，每次1片。往往家长多是早晨吃一次，中午吃一次，晚上吃一次。这种吃法就是错误的，它不能保证药物在血液中达到有效的血药浓度，因为在夜间血药浓度就可能下降到很低水平，而不能达到治疗的目的。正确的口服时间应该是间隔8小时吃一次，家长可以早8点、下午4点，夜间12点各口服一次。每日2次用药指的是间隔12小时口服1次，每日3次用药指的是间隔8小时口服1次，每日4次用药指的是间隔6小时口服1次，这样才能维持有效的血药浓度，控制病情发展，直至痊愈。

另外，需要注意药物是饭前（饭前15~30分钟）服用还是饭时、饭后服用。一般对胃肠道有刺激的药物多建议饭后或者饭时服用，因为空腹服用会加重对胃肠道的刺激；像阿司匹林片、钙片饭后服用就可以减少对胃肠道的刺激；但是有的药物空腹服用能够迅速进入肠道，保持高浓度，药效发挥得好。像一些收敛止泻药物、保护胃黏膜的药物可以在饭前30分钟服用。像一些助消化药物建议饭时服用；铁剂的吸收有明显的昼夜节律，因此补充铁剂晚上7时服用比早上7时服用有效利用度高。人体的血钙水平在午夜至清晨最低，因此，晚饭后服用补钙药可使钙得到充分的吸收和利用。脱敏的药物晚上临睡前服用效果最好。

有的药物在症状消失后还需要继续服用到整个疗程结束才能停药，否则会引起疾病的反复，形成迁延性或者慢性的疾病。例如细菌性痢疾，其疗程7~10天，即使大便外形正常，显微镜检查大便已经无脓血，还要继续用药，直至大便培养3次正常后方可停用抗生素。

喂药前的准备

给宝宝喂药需要选择合适的器皿工具，对于新生儿或者小婴儿可以使用滴管；1岁左右的孩子可以选择汤匙或者带有刻度的小量杯；长把饭勺或者压舌板；如果吃的是药片还需要准备研碎药物用的小药钵将药片研碎；为了减轻孩子对于苦味或者其他异味的刺激家长可以准备白砂糖，对于大一些的孩子可以准备一些小的水果糖块。针对自己孩子的情况也可以使用去掉针头的注射器。搅动药物的筷子一根、白开水一杯。大毛巾一块，围嘴一条。以上物品均要经过消毒后方可使用。

喂药的方法

首先孩子吃药时要选择半坐位姿态，轻轻把住四肢，固定住头部，以防喂药时呛着孩子或者误吸入气管。

对于1岁之内的小婴儿使用小滴管喂药最适宜。喂药前围上围嘴，旁边预备好毛巾，将小滴管吸进药（可以混入少许白糖）后，伸进孩子的嘴里，滴管嘴放在一侧颊黏膜和牙龈之间将药少量挤进，待孩子吞咽后再继续喂下一口，吃完药后再喂上几口水，用毛巾擦干净嘴角，然后亲亲和夸奖孩子。

对于大一些的孩子，先做好动员工作，通过家长讲解为什么要吃药，吃药后病就会好的快一些，才能有力气玩和游戏的道理。对于明白事理比较合作的孩子可以围上围嘴直接使用汤勺喂药，喂完药后让孩子喝几口清水，用毛巾擦干净嘴角，给一块糖来解除孩子口腔中的异味，也表示你对孩子好的行为的一种奖励，告诉孩子今天你吃药表现得非常好，妈妈非常高兴亲一亲你的孩子，将孩子这个好的行为巩固下来。如果不合作的孩子，大人抱着孩子，可以采取半坐位，围上围嘴，将孩子的两条腿夹在大人的两腿之间，孩子的一条胳膊放在大人的身后，大人一只手固定住孩子另一只胳膊。大人另一个胳膊固定住孩子的头部。另一个家长用长把饭勺或者压舌板轻轻压住孩子的舌头的中部，用汤勺或者去掉针头的注射器将药液滴进孩子的颊黏膜和牙龈交界之处，让药物慢慢流进。压舌板或者勺把先不要取出，待孩子咽后可以放松一下，然后继续压下舌头喂药，直至全部喂完，然后喝几口清水。但是说服工作还是要进行的，孩子只要有一点进步就要进行表扬，将孩子的进步的行为巩固下来，直到能够自己主动去吃药。

喂药的注意事项

平时家长要做好教育工作，平时不要利用吃药、打针、去医院恐吓孩子，造成孩子对一些医疗行为的恐惧感，要告诉孩子生病后就需要吃药，接受医生的治疗，这样疾病才能很快痊愈。

吃药前一定要核对药物名称、药物剂量、使用说明、有无禁忌、是否在保质期内，准确无误后方可喂孩子；如果是液态制剂吃前一定要摇匀后再吃；药片研碎后倒入少许水，调成混悬状备用。吃完药后注意如何保存，防止由于保存不当引起药物变质。

喂药时不要采取撬嘴，捏紧鼻孔，强行灌药，这样更容易造成孩子的恐惧感，孩子挣扎后很容易呛着孩子引起误吸。尤其是一些油类的药物更要慎重，防止呛后引起吸入性肺炎。

不要在孩子张口说话或者大哭时突然喂药，这样很容易随着孩子的吸气而将药物误入气管。

药物不能与果汁、牛奶、豆浆、饭菜等食物一起同服，除非有特殊需要。因为这样做的结果很容易引起药物与食物间的不良反应或者降低药物的药效。

家长的表率作用十分重要，同时也要给孩子提供模仿的榜样，当孩子看到榜样被奖赏的行为时，就增加产生同样行为的倾向；反之，当孩子看到榜样被惩罚的行为时，就会抑制产生这种行为的倾向。

第四章
早产儿常见并发症

早产儿的并发症大多数和器官及系统的功能不成熟有关。通常容易引起肺、胃肠道、肾脏等器官的并发症。

第一节　呼吸系统

早产儿肺表面活性物质生成不足，不能有效防止肺泡塌陷和肺膨胀不全，所以可能并发以下疾病。

1. 新生儿呼吸窘迫综合征

新生儿呼吸窘迫综合征（respiratory distress syndrome，RDS）又称肺透明膜病，由于缺乏肺表面活性物质，肺泡萎陷，致使生后不久出现进行性加重的呼吸困难，主要见于早产儿，胎龄越小，发病率越高。

临床表现：早产儿刚出生时哭声正常，4～6小时内出现呼吸困难、呼吸不规则、呻吟、烦躁，症状逐渐加重，严重时则发生呼吸暂停，皮肤因缺氧而变得灰白或青灰，肌张力低下，严重肺不张时出现胸廓塌陷，呼吸音减低，吸气时可听到细湿啰音，如果没有适当呼吸支持，往往在出生3天之内即死亡，以生后第2天病死率最高。

治疗和护理措施如下。

（1）患有新生儿呼吸窘迫综合征的宝宝，通常一出生就被送入新生儿监护病房，治疗和护理都在医院内进行，作为家长应该积极配合医生治疗。

（2）治疗方法一般有：氧气疗法、肺表面活性物质替代疗法、维持酸碱平衡及支持疗法等。

（3）新生儿呼吸窘迫综合征并发症多，病情较为复杂，死亡率高，因此治疗时难度大，费用高。

（4）本症能生存3天以上者肺成熟度增加，恢复希望较大。但不少婴儿并发肺炎使病情继续加重，至感染控制后方好转。

2. 频发性呼吸暂停

约70%极低出生体重儿可发生呼吸暂停，呼吸暂停既可为原发性，亦可继发于低体温、发热、缺氧、酸中毒、低血糖、低血钙、高胆红素血症等，呼吸暂停常于孕龄34～36周才消失。

3. 慢性肺疾病

早产儿由于气道及肺泡发育不成熟，易因气压伤及氧中毒或动脉导管开放等的损伤，引发支气管肺发育不良及早产儿慢性肺功能不全。

第二节　脑损伤

早产儿常见脑损伤主要为脑室周围–脑室内出血（periventricular-intraventricular hemorrhage，PVH–IVH）和脑室周围白质软化（periventricular leukomalacia，PVL）。前者为出血性病变，常导致脑室内出血后脑积水和脑室周围出血性髓静脉梗死等严重并发症。后者为缺血性病变，也与宫内感染有关。

由于脑损伤早产儿在新生儿期常无明显的临床症状，或存在的表现被归因于发育不成熟，易被忽视，因而早期常规影像学检查十分重要。约7%的早产儿发生PVH–IVH或PVL，体重<1500g者发病率可高达50%，症状多见于生后最初一周。

早产儿脑损伤的预后依出血部位、伴随疾病及脑损害程度而异。神经系统伤残与PVL和脑实质内出血有关，而脑实质病灶大小与远期预后明显呈正相关，脑功能轻度异常者，后期的预后较好，甚至部分可以缓解，而一开始就有重度表现者，多预后不良。

（1）颅内出血：主要表现为室管膜下–脑室内出血，预防早产儿颅内出血的主要措施包括：维持血压稳定和血气正常，保持体温正常，避免液体输入过多过快、血渗透压过高，减少操作和搬动、保持安静。生后常规用维生素K_1 1~2mg静脉滴注，给1次。影像学检查是诊断早产儿颅内出血的重要手段，为能早期诊断、早期治疗，对出生体重<1500g者在生后第3～4天可进行床旁头颅B超检查，生后第14天和30天随访头颅B超，以后还要定期随访，必要时行头颅CT或MRI检查。

（2）脑室周围白质软化（PVL）：PVL与早产、缺氧缺血、机械通气、低$PaCO_2$、低血压、产前感染等因素有关，多发生在极低或超低出生体重儿。

临床症状不明显，可表现为抑制、反应淡漠、肌张力低下、喂养困难，严重者发生脑瘫。对出生体重<1500g者在生后第3～4天可进行床旁头颅B超检查，在第4周随访B超，必要时行头颅CT或MRI检查。PVL尚无有效的治疗方法，要重视预防。对已发生的早产儿PVL，应定期随访头颅B超和神经行为测定，强调在新生儿期开始早期干预和康复治疗，尽可能减少后遗症。

第三节　感染

由于早产儿来自母体的抗体不足，血清免疫球蛋白水平明显低下，皮肤屏障功能弱，再加上频繁的有创操作，导致感染的可能性增加。

1. 肺部感染

吸入性肺炎、感染性肺炎是早产儿常见的呼吸道感染性疾病，新生儿肺炎可以是吸入性的，也可以是自然感染，还可以是继发于气管插管、机械通气之后。早产儿肺炎的表现不典型，不容易被发现，如果有呛奶、吐沫应及时拍胸片确定诊断。

2. 脐部感染

脐部是一个开放的创面，细菌更容易在此生长繁殖，如发现脐部有红肿、有脓性分泌物，应考虑有脐炎。出生后母亲一定要注意婴儿脐部的卫生，千万别让孩子感染，一旦发现有感染，马上去医院。

3. 皮肤感染

皮肤脓疱疹是早产儿常见的皮肤感染，常是由于皮肤损伤、皮肤护理不好引起的。少数的脓疱疹可以用碘伏擦拭，全身性的皮肤脓疱疹则应在医生指导下用药物涂抹。

4. 口腔感染

口腔炎、鹅口疮都是新生儿常见的口腔感染，可以是口腔卫生问题引起，也可以是因为使用抗菌药物导致的菌群失调。口腔感染表现不明显，主要是不愿吃奶，吃奶时哭闹，面颊内侧口腔黏膜可见白膜，用制霉菌素涂口腔可以治愈。

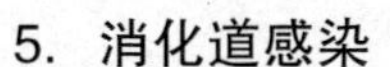

5. 消化道感染

新生儿肠道感染可以是肠道本身感染，也可以是全身感染引起，表现为腹泻。早产儿感染性腹泻往往较重，更容易引起脱水、酸中毒，应及时治疗。

6. 败血症

早产儿的败血症是一种严重的全身感染，可以是局部感染加重，导致的全身感染，也可能找不到原因，但孩子出现体温不升、反应不好、吃奶不好、不哭，就要考虑败血症的可能，应及时上医院进行检查和治疗。

7. 化脓性脑膜炎

早产儿的化脓性脑膜炎是全身感染引起的，主要是由于早产儿的血–脑屏障发育不成熟，细菌更容易通过血–脑屏障，到达大脑，引起化脓性脑膜炎。早产儿的化脓性脑膜炎表现的惊厥常不典型，不容易被发现。化脓性脑膜炎的治疗应选用足量、能通过血–脑屏障的抗菌药物。

如何防治早产儿的感染?

（1）当早产儿一出生，就要为他们营造相对无菌的环境，如医院里会为早产儿建立相对无菌的新生儿室，它有定期的消毒制度，并备有素质较高的护理人员，这是有利于小于1500g的早产儿的生活环境。在家喂养的早产儿，虽然体重相对较高一些，也应该选择卫生条件相对较好的房间，如通风向阳，注意保持清洁卫生的房间，这是防止早产儿感染的前提。

（2）防止交叉感染，医院的新生儿室是不允许外人随意进入的，可以避免交叉感染；在家里也同样如此，除专门照看孩子的人外，最好不要让其他人走进早产儿的房间，更不要把孩子抱给外来客人看，患感冒等的成人更不能随意进入房间。

（3）照看早产儿的人，不仅应有一定的照顾孩子经验，而且应该有良好的卫生习惯，在给孩子喂奶或做其他事情前，应换上干净清洁的衣服，洗净双手。母亲患感冒时应戴口罩哺乳，哺乳前应用肥皂及热水洗手，避免直接用手擦拭孩子的眼、鼻及口腔。换完尿布后，要妥善处理好尿布，并及时洗手。

（4）早产儿使用的用具应严格消毒，如食具、衣物、尿布、玩具等。

（5）重点护理容易感染的部位，如皮肤、脐部、眼部、口腔等。

（6）抗菌药物的预防作用：伴有合并症的早产儿，如有过硬肿症、窒息、使用过呼吸机的应在医生指导下适当使用抗菌药物预防感染。

第四节 硬肿症

新生儿硬肿症（neonatal scleredema）是由于寒冷损伤、感染或早产引起的综合征，其中以寒冷损伤为最多见，称寒冷损伤综合征。

早产儿体表面积与身体容积之比较大，因此当暴露在低于中性温度的环境时，将迅速丧失热量并难以维持正常体温。体温调节功能差、皮肤较薄、血管丰富、易于散热、脂肪的量少等因素易致——早产儿低体温而发生皮肤硬肿。以皮下脂肪硬化和水肿为特征。

1. **临床表现：**本病多发生在出生后7～10天内，体温不升，在35℃以下，重症低于30℃，体核温度（肛温）可能低于体表温度（腋温），皮肤和皮下组织出现硬肿，皮肤呈浅红或暗红色，严重循环不良者可呈苍灰色或青紫色。硬肿首先出现在下肢、臀部、面颊和下腹部，然后至上肢和全身。有时只硬不肿，则皮肤颜色苍白，犹如橡皮，范围较局限，只影响大腿和臀部，这种情况常发生在感染性疾病引起的硬肿症。重型硬肿症可发生休克、肺出血和弥散性血管内凝血（DIC）。

2. **治疗措施**

（1）复温：是治疗的首要措施。①轻症患儿在温水浴后用预暖的棉被包裹，置24～26℃的暖室中，外加热水袋，水温从40℃渐增至60℃，体温可较快上升至正常。②中度和重度患儿可先安放在远红外线开放型保暖床上，将温度调节到高于小儿体温1.5～2℃处，约每30分钟能使体温升高1℃，随患儿体温的上升继续提高保暖床的温度，当体温达34℃时可移至封闭式保暖箱中，保持箱温在35℃左右。为减少辐射失热，在稍离小儿身体的周围罩一透明塑料布。将头面部露出塑料布外，头上戴一小帽保暖。③复温除上述方法外还可采用温盐水灌肠各种方法。④如正在用静脉补充液体或高营养液时可在瓶的周围用热毛巾包裹，使进入体内的液体有一定温度。⑤供给的氧也要预热。

（2）营养和液体：要保证供应足够的热量和液体，开始时热量至少应达到基础代谢的需要，以后渐加至正常需要量。液体量一般控制在60～80

ml/（kg·d），缓慢滴入，速度约4ml/（kg·h），因低温时心肾功能减低，输液量不宜过多。对低血糖小儿适当提高葡萄糖进入量。

（3）药物：①对心肾功能较差者可给多巴胺和多巴酚丁胺等心血管活性药物，多巴胺宜用小剂量2～5μg/（kg·min）静脉滴入，因小剂量有扩张肾、脑血管的作用，可以增加尿量。多巴酚丁胺有增加心肌收缩的作用，但不增快心率，剂量2.5～5μg/（kg·min）静脉滴入，可和多巴胺合用。也可用其他药物如山莨菪碱（654-2），静脉注射，每次0.1～0.2mg/kg，15分钟1次，约3～4次，若面色、心率好转即可以1～2mg/d静脉滴注维持，继续治疗1周。②抗生素的应用对感染性疾病引起的硬肿症尤为重要，对肾脏毒性较大的药物尽可能少用。寒冷损伤综合征虽可能发生呼吸道感染，但不宜用广谱抗生素预防。③肝素治疗，第一次剂量为1.5mg/kg，静脉注射，以后每6小时静脉滴注0.5～1.0mg/kg，至凝血酶原时间和凝血时间正常后渐减少给药次数，7天为一疗程。④中药：以温阳祛寒，活血化瘀为主，可静脉滴注丹参、红花、附子注射液，或用川芎、红花注射液，或复方桃红注射液，缓慢静脉滴注，每日2次。

3. 护理

（1）消除硬肿：积极复温消除硬肿。

（2）合理喂养：保证热量供给，轻者、能吸吮者可经口喂养；吸吮无力者用滴管、鼻饲或静脉营养。复温阶段每日热量50cal/kg，液量50ml/kg，随体温上升将热量增至100cal/（kg·d），液量增至100ml（kg·d）。根据病情调节输入量及速度，以防止输液速度过快引起心力衰竭和肺出血。可进乳者应尽早哺乳。

（3）预防感染：严格消毒隔离，做好环境、医疗用品的消毒。硬肿症患儿应与感染者分开，防止交叉感染。

（4）观察病情：监测体温、呼吸、心率、血压、尿量、血气、硬肿程度及有无出血征象，不断对宝宝进行评估，详细记录护理单，备好抢救药品和设备，一旦发生病情突变，及时与医生取得联系救治。

4. 预防

（1）预防重于治疗，宝宝居室的室温一定要达到要求。

（2）如果室温低，应当给孩子多盖被子，包裹要严，还可用热水袋或热水瓶给孩子保暖。

（3）对高危儿做好体温监护，发现异常，及时就医。

第五节 高胆红素血症

黄疸是新生儿常见的临床表现，因婴儿的肝脏结合与排泄胆红素的能力不足，造成肠肝循环增加，导致新生儿血胆红素水平增高，特别是早产儿容易出现黄疸，因早产儿比足月儿的胆红素增长快、浓度高，且早产儿肝脏及血–脑屏障还没发育成熟，总胆红素浓度高且持续时间长，部分患儿甚至可出现低胆红素核黄疸。

早产儿容易发生高胆红素血症和胆红素脑病，窒息、酸中毒、低蛋白血症、低血糖、低体温、感染、胆红素>171μmol/L是早产儿发生胆红素脑病的高危诱发因素。

如何预防高胆红素血症？

（1）减少肠肝循环中的胆红素：增加早期喂养的频率和喂养的摄入量，可以使胆红素经肠道尽快地排泄。相反，用水或葡萄糖替代喂养，可能会使母亲的产奶量减少，导致血清胆红素水平更高。目前没有药物或其他制剂能够有效地减少肠肝循环。

（2）阻止胆红素的生成：合成的金属卟啉通过竞争性地抑制血红素氧化酶使胆红素生成减少，用于严重的高胆红素血症或极低出生体重的早产儿。虽然合成的金属卟啉是很有前途的药物，但目前尚未广泛用于新生儿，其安全性和有效性需要进一步证实，目前尚无口服制剂。

第六节 晚期代谢性酸中毒

晚期代谢性酸中毒（late metabolic acidosis，LMA）是早产儿常见的营养代谢问题，其发病与饮食中蛋白质的质与量，以及肾功能发育不完善有关。以人工喂养儿居多，若不及时纠正，可影响宝宝的生长发育和机体抵抗，甚至因并发其他严重疾病而危及生命。

晚期代谢性酸中毒常于生后2～3周，蛋白质供应达到5g/（kg·d）时发生，虽有碳酸氢钠治疗，酸中毒常持续7~14天。早产儿出生体重越低LMA的发病率就越高。

晚期代谢性酸中毒患儿的护理措施为：

（1）注意保暖，定时测量体温。注意体温的变化对体重增长的影响。

（2）选择合适的喂养方式。①倡导母乳喂养，早期喂养。②选择合适的喂养乳品。③对于吸吮、吞咽功能差的早产儿可采用持续胃管喂养，根据体重增长情况过渡到间歇胃管喂养及母乳喂养。

（3）监测体重变化。每日清晨喂奶前测体重。

（4）严密观察患儿病情、吸吮、肌张力、体重增长情况等，尤其是当患儿出现体重不增，血气分析有代谢酸中毒时，可单纯用碱性药物，或将牛奶稀释，适当加用糖水等碳水化合物，以补充热卡，减少饥饿感。

第七节　低血糖

早产儿体内糖原和脂肪储备不足，耗糖相对较高，若不及时喂养，很容易出现低血糖。早产儿出生72小时内低血糖的发生率为1.5%~5.5%。低血糖持续或反复发作可引起严重的中枢神经病变，临床上常出现智力低下、脑瘫等神经系统后遗症，因而早期发现并及时纠正低血糖是非常重要的。

大多数低血糖者缺乏典型的临床症状，低血糖患儿依据低血糖的程度不同临床表现也不同。少数有症状者临床上可表现为反应低下、多汗、苍白、阵发性发绀、喂养困难、嗜睡、呼吸暂停、青紫、哭声异常、颤抖、震颤、甚至惊厥等。

如何护理低血糖患儿？

（1）早期喂养、按需哺乳。早期喂养可以避免低血糖的发生。根据早产儿体重、吸吮能力等选择不同的喂养方式。

（2）加强保暖、维持正常体温。早产儿皮下脂肪薄，寒冷会刺激棕色脂肪分解增加，消耗大量糖原，故暴露在寒冷的环境中，可发生代谢性酸中毒、低血糖等。

（3）加强血糖监测，及时纠正低血糖。早产儿低血糖多发生在生后12小时内，因其代谢高，耗糖过多，糖原贮存不足，糖异生作用差，故易发生低血糖。

（4）严密观察病情。观察早产儿神志、面色、体温、呼吸、心率、肌张力、哭声及抽搐情况。如发现呼吸暂停，立即给予吸痰、吸氧、托背人工呼吸、弹足刺激等抢救措施，并根据缺氧情况合理用氧，以防氧中毒。喂养后需观察面色、呼吸、呕吐、腹胀等情况，防止窒息发生。

（5）预防感染。

第八节　早产儿贫血

早产儿长到1～2个月时，往往有贫血现象，但因血管暴露于皮肤表面，贫血不易用肉眼看到。早产儿脐血平均血红蛋白值为（175±16）g/L，与足月儿相似。生后短期内血红蛋白迅速下降，出生体重1.2～2.5kg的早产儿在生后5～10周血红蛋白值为80～100g/L（8.0～10.0g/dl），出生体重1.2kg以下早产儿在生后4～8周血红蛋白值为65～90g/L（6.5～9.0g/dl）。早产儿生理性贫血宝宝一般无症状，进食良好，体重增加，则不必输血治疗；而病理性贫血因有症状，需要进行干预。

1. 病因

铁储存不足以及早产儿发育太快，需要增加血量，但造血功能较差，未能赶上体重增加的速度，因此造成贫血。

2. 临床表现

（1）贫血症状：苍白、喂养困难、体重不增、呼吸困难、心动过速、活动减少、呼吸暂停等。

（2）水肿：少数病例有下肢、足、阴囊、颜面轻度水肿。

3. 早产儿贫血的治疗

（1）输血疗法。

（2）重组人类红细胞生成素（rHuEPO）自1989年rHuEPO用于临床后，有关治疗研究的报道很多，但具体使用时间、剂量及方法未得出具体公认的方案。使用原则仍有争议。

（3）铁剂治疗 铁缺乏与婴儿早期贫血不呈比例，除有围生期失血或反复抽取血标本史者外，早期补铁不能防止血红蛋白下降。当早产儿体重增加1倍时，其体内铁储存空虚，因此应补加铁剂。元素铁用量≤2mg/（kg·d），相当于2.5%硫酸亚铁0.4ml/（kg·d），疗程6～8周，同时加用维生素C。

（4）维生素E治疗 有人提出是红细胞膜的脂质成分过氧化反应的结果。早产儿3个月内用维生素E10～15mg/（kg·d），预防维生素E缺乏所致早产儿贫血。

（5）其他营养物质 叶酸预防量25～50mg/d，共3～4周；维生素B_6需要量0.3～0.5mg/d，治疗量2mg/d；维生素C生后第2周起用100mg/d。

4. 早产儿贫血的预防

要坚持母乳喂养，因为母乳中的铁比牛奶中的铁质生物效应高，易被吸收，宝宝吃母乳可以有效地减少生理性贫血的发生；

早产儿，尤其是喝牛奶的早产儿，应该从2个月起就要补充铁剂。

第九节　早产儿视网膜病

早产儿视网膜病变（retinopathy of prematurity，ROP）又称晶体后纤维增生症，是发生在早产儿尤其是低出生体重早产儿的一种视网膜毛细血管发育异常化的双侧性眼增殖性视网膜病变，其显著特征是晶状体后有白色纤维组织增生，表现为视网膜缺血、新生血管形成，临床上可造成视网膜变性并发白内障、继发近视、青光眼、斜视、弱视等并发症，严重者可致盲。

1. 病因

目前病因仍未明确，危险因素有低出生体重、早产、氧疗。

（1）早产、低出生体重：视网膜发育不成熟，有一个灰白色血管不能逾越的分界线，阻止血管正常生长。出生体重越低、胎龄越小，ROP发生率越高，病情越严重。

（2）氧疗：①氧疗时间越长，吸入氧浓度越高，动脉血氧分压越高，

ROP发生率越高，病情越重。用CPAP或机械通气者ROP发生率比头罩吸氧者高。患者一般均有出生后在温箱内过度吸氧史。②高浓度给氧后迅速停止，使组织相对缺氧，从而促进ROP产生，与吸氧时间长短无关。动脉血氧分压的波动对ROP进展起重要作用。

（3）其他：①各种因素所致缺氧、酸中毒（pH<7.25）、贫血、输血、高胆红素血症、高钠血症、低血糖、低体温<35.6℃、动脉导管未闭、脑室内出血、败血症、光照、应用黄嘌呤药物等。②β受体阻滞药：通过胎盘进入胎儿体内，增加脉络膜血管紧张性，促进ROP的发展。③动脉血二氧化碳分压过低可致视网膜血管收缩导致视网膜缺血，最终形成ROP。④母体贫血及多胎儿等。⑤种族：白人发病率高，病情重。

2. 临床表现

常见于出生后3～6周，临床上分成活动期及纤维膜形成期。

（1）活动期：活动期分为五个阶段。

血管改变阶段：为本病病程早期所见。动静脉均有迂曲扩张。静脉管径有时比正常的管径大3～4倍。视网膜周边部血管末梢可见如毛刷状的毛细血管。

视网膜病变阶段：病变进一步发展，玻璃体出现混浊，眼底较前朦胧。视网膜新生血管增多，大多位于赤道部附近，也可见于赤道部之前或后极部，该区域视网膜明显隆起，其表面有血管爬行，常伴有大小不等的视网膜出血。

早期增生阶段：上述局限性视网膜隆起处出现增生的血管条索，并向玻璃体内发展治疗，引起眼底周边部（大多数）或后极部（少数）视网膜小范围脱离。

中度增生阶段：脱离范围扩大至视网膜一半以上。

极度增生阶段：视网膜全脱离。有时还可见到玻璃腔内大量积血。

本病活动期病程为3～5个月。并不是所有病例都要经历以上的5个阶段，约1/3病例在第一阶段，1/4病例在第二阶段停止进行，其余则分别在第三、第四、第五阶段停止进行而进入纤维膜形成期。

（2）纤维膜形成期：在活动期不能自行消退的病例，终于瘢痕化而形成纤维膜，因程度不同，由轻至重分为Ⅰ～Ⅴ度。

Ⅰ度：视网膜血管细窄，视网膜周边部灰白混浊，杂有小块形状不规则色素斑，附近玻璃体亦有小块混浊，常伴有近视。

Ⅱ度：视网膜周边部有机化团块，视盘及视网膜血管被此牵引而移向一方，对侧视盘边缘有色素弧，视盘褪色。

Ⅲ度： 纤维机化膜牵拉视网膜形成一个或数个皱褶。每个皱褶均与视网膜周边部膜样机化团块相连接。皱褶90° 位于颞侧，10° 位于鼻侧。位于颞上颞下侧者甚为少见。视网膜血管不沿此皱褶分布，与先天性视网膜皱襞不同。

Ⅳ度： 晶体后可见纤维膜或脱离了机化的视网膜的一部分，瞳孔领被遮蔽。

Ⅴ度： 晶体后整个被纤维膜或脱离了的机化的视网膜所覆盖。散瞳检查，在瞳孔周边部可见呈锯齿状伸长的睫状突。前房甚浅，常有虹膜前后粘连。亦可因继发性青光眼或广泛虹膜前粘连而致角膜混浊，眼球较正常者小，内陷。

3. 治疗

ROP并非都无休止地从Ⅰ期进展到Ⅴ期，多数病变发展到某一阶段即自行消退而不再发展，仅约10%病例发生视网膜全脱离，因此，对Ⅰ期、Ⅱ期病变只需观察而不用治疗，但如病变发展到阈值期则需立即进行治疗，所以早发现、早治疗最为关键。

（1）手术治疗

●**冷凝治疗：** 对阈值ROP进行视网膜周边无血管区的连续冷凝治疗，可使50%病例免于发展到黄斑部皱襞，后极部视网膜脱离，晶状体后纤维增生等严重影响视力的后果，冷凝治疗通常在局麻下进行，亦可在全麻下操作，全麻可能发生心动过缓、呼吸暂停、发绀等，冷凝的并发症有球结膜水肿、出血、撕裂、玻璃体积血、视网膜中央动脉阻塞和视网膜出血等，目前，ROP冷凝治疗的短期疗效已得到肯定，但远期疗效还有待进一步确定。

●**激光光凝治疗：** 近年，随着间接检眼镜输出激光装置的问世，光凝治疗早用ROP取得良好效果，与冷凝治疗相比，光凝对Ⅰ区ROP疗效更好，对Ⅱ区病变疗效相似，且操作更精确，可减少玻璃体积血，术后球结膜水肿和眼内炎症，目前认为对阈值ROP首选光凝治疗，国外多主张用二极管激光治疗，二极管激光属红光或红外光，穿透性强，不易被屈光间质吸收，并发症少，也有作者尝试用经巩膜的810nm激光代替冷冻方法，并发症明显减少。

●**巩膜环扎术：** 如果阈值ROP没有得到控制，发展至Ⅳ期或尚能看清眼底的Ⅴ期ROP，采用巩膜环扎术可能取得良好效果，巩膜环扎术治疗ROP是为了解除视网膜牵引，促进视网膜下液吸收及视网膜复位，阻止病变进展至Ⅴ期，但也有学者认为部分患儿不做手术仍可自愈。

●**玻璃体切除手术：** 巩膜环扎术失败及Ⅴ期患者，只有做复杂的玻璃体切除手术，手术效果以视网膜脱离呈宽漏斗形最好，约40%视网膜能复位，窄漏斗形最差，仅20%，玻璃体切割术后视网膜得到部分或完全解剖复位，但患儿最终视功能的恢复极其有限，很少能恢复有用视力。

（2）内科治疗

●**阈值前ROP的补氧治疗**：由于氧疗可诱导ROP的发生，曾经有一段时期禁止给早产儿吸氧，但这并非根本解决方法，而且还增加早产儿的病死率，随着血管生长因子在ROP形成中作用的确立，发现缺氧可诱导血管生长因子合成，提出补氧治疗以抑制新生血管生长，抑制ROP发生，发展，但还处于争议当中。

●**新生血管抑制剂**：尚在研制与动物试验中。

4. 预防

由于早产儿视网膜发育未成熟，ROP发生率较高，加强ROP的早期诊断及防治，降低ROP的发生率及致盲率已非常迫切。ROP的防治主要有：

（1）积极预防：①要积极治疗早产儿各种并发症，减少对氧的需要。②合理用氧。如必须吸氧要严格控制吸入氧浓度和持续时间，监测经皮血氧饱和度，不宜超过95%，避免血氧分压波动过大。

（2）早期诊断：ROP早期诊断的关键在于开展筛查，普遍建立ROP筛查制度，由熟练的眼科医生进行筛查。①筛查对象：出生体重<2000g的早产儿，不论是否吸过氧都应列为筛查对象。对发生严重并发症、长时间高浓度吸氧者，应重点筛查。②筛查时机：生后第4～6周或矫正胎龄34周开始。③筛查方法：用间接眼底镜或眼底数码相机检查眼底。④随访：根据第一次检查结果决定随访及治疗方案（表4-1），随访工作应由新生儿医生与眼科医生共同合作。

表4-1　早产儿ROP眼底筛查及处理措施

眼底检查发现	应采取的处理措施
无ROP病变	隔周随访1次，直至矫正胎龄42周
Ⅰ期病变	隔周随访1次，直至病变退行消失
Ⅱ期病变	隔周随访1次，直至病变退行消失
Ⅲ期阈值前病变	考虑激光或冷凝治疗
Ⅲ期阈值病变	应在72小时内行激光或冷凝治疗
Ⅳ期病变	玻璃体切割术，巩膜环扎手术
Ⅴ期病变	玻璃体切割术

（3）早期治疗 Ⅰ、Ⅱ期为早期ROP，以密切观察为主，Ⅲ期ROP是早期治疗的关键，对Ⅲ期阈值病变，在72小时内行激光治疗。

第十节 佝偻病

早产儿佝偻病是由于维生素D和（或）钙磷缺乏引发的钙磷代谢失常，并造成生长中的骨骼骨基质钙盐沉着障碍和（或）类骨组织（未钙化骨基质）过多聚积为组织学特征的一种营养性代谢性骨病。早产儿血清钙低下，但于第7天可恢复正常水平，一般不发生低钙症状，不必补钙，但超低出生体重儿容易患佝偻病。

1. 病因

（1）钙磷和维生素D贮备不足；

（2）维生素D和钙磷摄取不足；

（3）生长速度过快，钙、磷的一般供给量往往不能满足需要，尤为补磷不足；

（4）甲状旁腺素分泌不足及肝肾功能不完善；

（5）其他：新生儿期各种疾病的发病率均较高，易影响胃肠、肝胆或肾脏对维生素D和（或）钙磷的吸收、利用和代谢。尤其是应用呼吸机、胃肠道外营养液使钙磷及维生素D摄入不足；长期应用利尿药和碳酸氢钠增加尿钙的排泄；长期应用抗惊厥药物（包括孕妇）如苯巴比妥，刺激肝细胞微粒体的氧化酶系统活化，使维生素D_3和25-（OH）D_3加速分解为无活性的代谢产物，均可导致佝偻病的发生。

2. 症状

主要表现为骨骼系统的骨化不全或骨软化性改变，如前囟增大，颅缝加宽与后囟门相连，侧囟门未闭，颅骨边缘和顶骨顶结节部变软或呈乒乓球感，颅骨边缘尤以顶骨矢状缝缘有锯齿状骨缺失。缺失巨大者在后囟前方可形成假囟门。

当呼吸困难时易形成漏斗胸，早产儿易有肋骨自发性骨折；体重及日龄稍大的新生儿亦可有典型的骨样组织增生表现，如肋串珠、手脚镯和方颅。

新生儿期低钙血症尤以晚期新生儿的低钙血症应考虑有佝偻病的可能。日龄较大的患儿还可有发秃环和神经兴奋等症状。

3. 治疗

（1）一般治疗：坚持母乳喂养，及时添加含维生素D较多的食品（肝、蛋黄等），多到户外活动增加日光直接照射的机会。激期阶段勿使患儿久坐、久站，防止骨骼畸形。

（2）补充维生素D：早产儿每天补充维生素D 800单位。

（3）补充钙剂：维生素D治疗期间应同时服用钙剂。

（4）矫形疗法：采取主动和被动运动，矫正骨骼畸形。轻度骨骼畸形在治疗后或在生长过程中自行矫正，应加强体格锻炼，可作些主动或被动运动的方法矫正，例如扩胸动作或俯卧撑使胸部扩张，纠正轻度鸡胸及肋外翻。严重骨骼畸形者需行外科手术矫正，4岁后可考虑手术矫形。

4. 预防

母乳喂养的早产儿每天补充维生素D 800单位，及时添加辅食，断奶后要培养良好的饮食习惯，不挑食、偏食，保证小儿各种营养素的需要。

第五章 家庭急救知识

第一节 婴儿窒息

一、婴儿窒息原因

造成婴儿窒息有多种原因，主要为：

（1）宝宝吃完奶后，容易出现溢奶的现象，如果把宝宝仰面放在床上，溢出的奶会呛到肺里，造成婴儿窒息。

（2）夜间妈妈因劳累喂奶时睡着，乳房压迫宝宝的口鼻。

（3）宝宝和大人一起睡觉，家长的四肢压住宝宝的口鼻而造成宝宝窒息。

（4）喂奶方式不对，奶嘴孔太大造成奶汁流得太快太急，呛到宝宝气管。

（5）怕宝宝着凉，把宝宝捂得严严实实的，宝宝呼吸不到空气造成窒息。

（6）宝宝俯卧睡觉时，口鼻容易被堵住，造成窒息。

（7）塑料口袋蒙到宝宝的脸，家长未及时发现。

（8）宝宝出牙后咀嚼功能还未完善，坚硬食物不易嚼碎，容易呛咳。

（9）大点的宝宝学会抓下自己的扣子或玩具往嘴里送，也容易发生窒息。

二、婴儿窒息急救方法

如果宝宝突然哭不出来或不能咳嗽，可能是有东西卡在他的气管里了，你需要帮他弄出来。在这种情况下，宝宝可能会发出奇怪的声音，也可能张大嘴巴却根本发不出声音，同时他的皮肤可能涨红或变青紫。

如果宝宝咳嗽或作呕，那么他的气管没有全部堵住。可以让他继续咳嗽，并仔细观察有无异常。咳嗽是排出气管阻塞物最有效的方法。

注意：此时不要拍他的背部或给他水喝。

第1步：迅速对情况作出判断。

如果宝宝不能把阻塞物咳出来，马上叫人打120或当地的急救电话，并开始给宝宝拍背并按压胸部（第二步）。

如果只有你和宝宝在一起，先进行急救2分钟，然后打120。

注意：如果你怀疑宝宝的气管是因为喉咙肿胀而阻塞或宝宝有较高的心脏疾病风险，请马上拨打120。

第2步：尝试给宝宝拍背和按压胸部，把阻塞物排出来。

（1）如果婴儿不能哭、咳嗽或呼吸，或者发出尖锐的声音，大人可以站起来，让宝宝的腹部贴着大人的前臂，屈曲一侧膝关节，把前臂放在大腿上，让婴儿的头部越过屈曲的膝关节，用另一侧的手掌在婴儿两侧肩胛骨之间轻拍5次，每次都尝试着促其排除异物。

（2）如果婴儿呼吸道仍然被阻塞，可把他轻轻地反过来，大人把2~3个手指放在婴儿胸骨的中央部，垂直向下按压大约1.3～2.5cm，然后松开，做5次胸部按压之后要检查一下婴儿的口腔。如果做了3轮背部拍打和胸部按压后异物仍然未清理干净，应继续实施以上抢救措施，直到急救人员赶来。

（3）如果婴儿的意识丧失，但仍有呼吸，可让他仰卧，头轻轻倾斜向后，用一个手指在婴儿口内触摸并清除阻塞的异物。如果婴儿丧失意识并停止呼吸，要进行心肺复苏。如果有脉搏但是没呼吸，应继续抢救以恢复呼吸。用一只手将婴儿的头向后倾斜，用另一只手托起下颌以通畅呼吸道。把口对准他的口和鼻，每隔3秒向宝宝的口鼻内小幅度吹一次气，直到婴儿恢复自主呼吸。

注意：不管什么时候，如果宝宝失去知觉，就要给他做心肺复苏（CPR）。

三、预防方法

预防有如下方法。

（1）宝宝的身边不可以没有大人，也别让大宝宝照顾小宝宝。

（2）留意宝宝吃到的东西是不是过大以致难以吞咽。

（3）不要给婴儿吃各种坚果、花生、果冻等大块的食物。

（4）最好不要和婴儿同床，不要长时间将门窗紧闭。

（5）4个月内婴儿不要采取趴睡的姿势；床上用品不要过于柔软。

（6）检查婴儿活动的范围内是否安全，如：是否有钱币、图钉、小纽扣以及玩具上的小部件是否容易掉落。

第二节 心肺复苏术

心肺复苏术（cardiopulmonary resuscitation，CPR）通过胸外心脏按压和人工呼吸，使携带氧气的血液循环到脑部和其他重要器官，直至急救人员赶到。保持含氧血液循环，有助于防止脑损伤。脑部缺氧几分钟，就会造成脑损伤，甚至死亡。

第1步：检查宝宝的状况。

你的宝宝还有意识吗？轻拍他的脚或肩膀，并呼唤他。如果他没有反应，马上叫人拨打120或当地的急救电话。

快速而轻柔地把宝宝的脸朝上放到一个稳固的物体表面上，确认他没有严重出血。如果他出血很多，先采取措施按压出血部位止血。在出血情况得到控制之前，不要进行心肺复苏术（CPR）。

第2步：打开宝宝的气管。

用一只手扶着宝宝的头向后仰，另一只手轻轻地抬起他的下巴（婴儿的头不用向后倾斜很多，就可以打开气管）。检查生命迹象（活动和呼吸），但不要超过10秒钟。

检查宝宝的呼吸，低下头靠到宝宝的嘴前，眼睛看向他的脚——检查他的胸腹部是否有起伏，并仔细听是否有呼吸声。如果他在呼吸，你应该能感觉到他呼到人面颊上的气。

第3步：给宝宝做人工呼吸，轻吹2次。

如果你的宝宝没有呼吸，给他做2次人工呼吸，轻轻吹两口气，每次1秒钟。用你的嘴盖住宝宝的鼻子和嘴，把气吹入他的肺部，直到看到宝宝胸部出现起伏。

要记住，宝宝肺要小很多，你不用把气吹尽就可以填满。吹气太用力或太快会使气体进入宝宝的胃，或者会伤害到宝宝的肺。

如果宝宝的胸部没有起伏，说明他的气管阻塞了，先给他做针对气管阻塞的急救。

如果能把空气吹进宝宝的肺，你可以连续给宝宝吹两口气，然后停一会儿，让进去的气体排出来之后再吹。

第4步：给宝宝做30次胸外心脏按压。

让宝宝仍然保持仰卧的姿势，用两三根手指，将指肚放在宝宝的两个乳头中间略向下的位置。在指肚位置向下按压大约1.2～2.5cm。要垂直向下按压，动作要均衡流畅，不能急促。

以每分钟100下的频率给宝宝做30次胸外心脏按压（大概20秒）。做完30次后，再做2次人工呼吸（见上面步骤3）。

第5步：重复胸外心脏按压和人工呼吸

重复进行30次胸外心脏按压和2次人工呼吸。如果只有你单独和宝宝在一起，在进行2分钟急救后，拨打120或当地的急救电话。继续重复按压和吹气，直到急救人员赶来。

注意：就算你的宝宝在急救人员赶到之前恢复了自主呼吸，也要让医生检查一下，以确定他的气道完全畅通，并且没有受到内伤。

第三节　烧伤、烫伤

小儿烧伤、烫伤是生活中较为常见的意外伤害，分为热液烫伤、化学性灼伤、接触性烫伤、火焰烧伤和电灼伤等几种类型。烧伤、烫伤程度与热源温度、接触时间、小儿皮肤娇嫩及自己不能消除致伤原因等特点有关。

一、烧伤的程度及症状

烧伤目前一般采用三度四分法：即一度、二度（又分浅三度、深四度）和三度烧伤。

1．一度烧伤（红斑）

仅伤及表皮浅层——角质层、透明层、颗粒层或伤及棘状层，但生发层健在。局部发红，微肿、灼痛、无水疱。3~5天内痊愈、脱细屑、不留瘢痕。

2．二度烧伤（水疱性烧伤）

（1）浅二度：毁及部分生发层或真皮乳头层。伤区红、肿、剧痛，出现水疱或表皮与真皮分离，内含血浆样黄色液体，水疱去除后创面鲜红、湿润、疼痛更剧、渗出多。如无感染8～14天愈合。其上皮再生依靠残留的生发层或毛囊上皮细胞，愈合后短期内可见痕迹或色素沉着，但不留瘢痕。

（2）深二度：除表皮、全部真皮乳头层烧毁外，真皮网状层部分受累，位于真皮深层的毛囊及汗腺尚有活力。水疱皮破裂或去除腐皮后，创面呈白中透红，红白相间或可见细小栓塞的血管网、创面渗出多、水肿明显，痛觉迟钝，拔毛试验微痛。创面愈合需要经过坏死组织清除、脱落或痂皮下愈合的过程。由残存的毛囊、汗腺上皮细胞逐步生长使创面上皮化，一般需要18~24天愈合，可遗留瘢痕增生及挛缩畸形。

3. 三度烧伤（焦痂）

皮肤表皮及真皮全层被毁，深达皮下组织，甚至肌肉、骨骼亦损伤。创面上形成的一层坏死组织称为焦痂，呈苍白色、黄白色、焦黄或焦黑色干燥、坚硬皮革样的焦痂，焦痂上可见到已栓塞的皮下静脉网呈树枝状，创面痛觉消失，拔毛试验易拔出而不感疼痛。烧伤的三度创面可呈苍白而潮湿。在伤后2～4周焦痂脱落，形成肉芽创面，面积较大的多需植皮方可愈合，且常遗留瘢痕挛缩畸形。

因为小儿生理解剖上的特点及抗感染能力与成人不同，同样面积深度烧伤，小儿的休克发生率、败血症发生率及病死率均较成人高，所以小儿烧伤严重程度和成人不同。目前常用的是1970年烧伤会议通过的小儿方法。①轻度烧伤：总面积在5%以下的二度烧伤。②中度烧伤：总面积在5%~15%的二度烧伤或三度烧伤面积在5%以下的烧伤。③重度烧伤：总面积在15%~25%或三度烧伤面积在5%~10%之间的烧伤。④特重度烧伤：总面积在25%以上或三度烧伤面积在10%以上者。

二、烧伤、烫伤急救

1. 急救处理原则

烧伤、烫伤紧急救处理的五个步骤为：冲、脱、泡、盖和送。根据烧伤、烫伤的程度不同，采取的救护措施也不同。

冲：冲冷水可让皮肤立即降温以降低伤害，冲的时间要越早越好，此外，要避免用冰块直接放在伤口上，以免造成组织受伤。

脱：充分泡湿后小心除去衣物，可用剪刀剪开衣物。

泡：继续浸泡在冷水中以减轻疼痛，但不要浸泡太久，以免体温下降过度而造成休克，当宝宝意识不清时，要立即送医，不要再泡了。

盖：用干净或无菌纱布、布条或棉质衣物类（不含毛料）覆盖在伤处，并加以固定。

送：送到有烧伤病房或烧伤中心的医疗院治疗。

2. 急救处理方式

（1）迅速将宝宝抱离热源。

（2）将宝宝烧伤部位浸泡于冷水中，或用流动的自来水冲洗以15～30分钟，快速降低皮肤表面热度。

（3）充分泡湿后再小心除去受伤部位的衣物，必要时可用剪刀剪除。

（4）对粘连部分衣物暂时保留，切不可强力剥脱衣物。

（5）尽量避免将水泡弄破或在伤处吹气，以免污染伤处。

（6）不可在伤处涂抹油膏、药剂，避免引起感染。

（7）根据烧伤、烫伤情况必要时可以使用敷料并加以包扎。

（8）如果手脚受伤严重，应让患者躺下，将受伤部位垫高，减轻肿胀。

（9）视情况及时送医治疗。

3. 化学物质烧伤急救方法

（1）立即用大量清水冲洗烧伤处的化学药物。

（2）脱除受伤部位的衣物。

（3）查看化学药物容器上是否有急救指示，如有，则照着指示去做。

（4）用消毒敷料盖在烧伤部位再包扎伤口。

（5）及时送往医院接受治疗。

4. 注意事项

（1）烫伤后的水疱是万万不可以挑破的，因为完整的皮肤是人体抵御细菌入侵的屏障，一旦挑破，细菌即可入侵，发生感染。

（2）伤口表面不可擅自涂抹任何东西，如酱油、牙膏、外用药膏、红药水和紫药水等，保持创面清洁完整，用清洁的床单或衬衫盖住伤口，立即送往医院作首次处理。

三、小儿烧伤、烫伤的预防

★宝宝睡觉时要与暖气片保持一定距离。

★给宝宝取暖的热水袋等温度要适中。

★家中暖瓶、饮水器放在孩子不易碰到之处。

★家长在厨房做饭菜时，不要离开或关上厨房门，以防止孩子突然闯入。

★点火用具，如打火机、火柴放在孩子不易取到之处。

★燃气不用时关掉总开关，以防孩子模仿点火。

★从微波炉中取出食物时，保证孩子不在周围或厨房。

★电饭煲等热容器当盛有热的食物时不放在地上和低处。

★电器插座放置高处或加盖，使孩子不易碰到。

★不要将幼儿单独留在卫生间。

★洗澡时在澡盆里要先放冷水，再放热水。

★冷水和热水，大人要用手先试后，再给幼儿用。

★给婴儿洗澡时，考虑到婴儿体温与大人手掌温度有很大差异，婴儿比成人怕热，对寒冷的耐受性好，水温要在38℃左右。

★电取暖器要远离孩子，或加围栏。

★电动玩具在给幼儿时，要检查其电路和电池的完好。

★看护宝宝时不吸烟。

第四节　跌伤、坠伤

宝宝总是在跌跌撞撞中长大，难免会因为跌倒或坠落而受伤。大家可能认为坠落受的伤最严重，其实有时跌倒造成的伤害远比坠落来得严重，例如在很硬的地板跌倒也可能导致撕裂伤。至于坠落受伤，包括床、椅子、桌子、柜子等许多家具，都是造成宝宝坠落的主要原因。

一、如何处理

处理的方法有：

（1）跌倒或坠下造成流血时，须先采取压迫止血法，阻止伤口继续流血。

（2）头部是最重要的观察重点，若宝宝出现嗜睡、手脚无力、哭闹或头痛情形，应就医做进一步检查。

（3）观察身体其他部位，包括四肢是否有肿、痛情形，如果情况严重，最好到医院做X线检查。

（4）腹腔内肝、脾脏受伤时，会有疼痛感；肠子受伤除了疼痛外，也会有呕吐情形。

（5）发生严重跌、坠伤时，表现出很痛苦，有可能是骨折，应尽量避免搬动，等救护人员到达处理。

二、预防方法

预防方法有：

（1）注意所有家具的稳定度，包括婴儿床、学步车、婴儿手推车等以避免意外发生。

（2）地面宜铺上软垫，一方面可避免滑倒，另一方面减少受伤的机会。

（3）不能让家具引诱出宝宝想攀登的兴趣。

第五节　溺水

溺水并非在户外才会发生，由于宝宝的骨骼与运动神经的协调能力尚未成熟，只要容器中的水高度达5cm左右，就可能对宝宝构成威胁，包括浴盆、浴缸、马桶等。如在家中溺水常发生在宝宝洗澡时，大人未加以看顾；或是宝宝们在玩耍时不慎落入水中所致。

很多家庭用澡盆给婴儿洗澡，有时候洗到一半，家长将宝宝独自留在澡盆里，虽然水很少，可是这对没有翻身能力的婴儿已经非常危险了。

一、如何处理

宝宝溺水后处理方法如下。

（1）用手将溺水宝宝口中的呕吐物、污物取出，解开衣服，保持呼吸顺畅。

（2）宝宝不小心溺水，可按压宝宝的胸部，或让宝宝保持头低脚高的位置将水排出。

（3）检查溺水小儿是否清醒，可呼唤或拍打其足底，看有无反应，并用耳朵仔细听其是否有自主呼吸存在。对于已经没有呼吸的小儿，须立即进行人工呼吸。

二、预防方法

如何预防宝宝溺水？

（1）帮宝宝洗澡时，不可单独把宝宝留在浴室，哪怕几秒钟时间。

（2）避免使用太滑的瓷砖，亦可在浴室放止滑垫，防止宝宝跌倒。任何可装水的容器应加装盖子，或把容器倒放，厕所马桶盖也应盖上。会走路的宝宝，不要让他们单独在湖边等有水的地方玩耍。

第六节　昆虫蜇伤

除了夏天发生频率很高的蚊虫叮咬伤，各个季节宝宝都有可能被一些小昆虫叮咬，而且不易被家长发现。宝宝被叮咬后，会引起局部的疼痛、发炎、红肿、出血等症状，若宝宝被蜂、蝎蜇伤后轻则出现肿胀、灼痛，严重的引起过敏反应，恶心、呕吐，出现呼吸困难等严重后果。

一、急救措施

急救的措施有：

（1）仔细观察被叮咬或蜇伤的地方，如果有毒刺残留，一定要去除。

（2）尽量挤出毒液，如果有火罐或吸乳器，可以用来吸毒液。

（3）用肥皂水冲洗伤口10分钟，可以中和毒液，减轻疼痛。如果被蜜蜂蜇伤，可用肥皂水、小苏打或3%氨水、5%碳酸氢钠溶液冲洗伤口。如被黄蜂蜇伤，可用食醋搽洗伤处，因为黄蜂毒液为碱性。被毛虫蜇伤后可用橡皮膏粘出毒毛。

（4）冷敷可以减缓毒液的吸收，减轻肿胀和疼痛。

（5）如果出现全身症状或过敏的情况，应及时送医院救治，尽快送医。

二、预防方法

预防叮咬的措施为：

（1）宝宝的身体、衣物要清爽干净，家中整洁干净，空气新鲜。

（2）垃圾及时处理以免蚊虫滋生。

（3）户外活动做好防护。

第七节　动物咬伤

现在养宠物的家庭越来越多，虽然狗和猫看起来都很可爱，但孩子与其玩耍、打斗时特别容易被抓伤或咬伤。无论是狗或猫，它们的唾液中常常带有狂犬病毒，即使健康的狗、猫，也难免带有这种致命的病毒。

一、急救措施

宝宝被动物咬伤时应该怎么办?

（1）当宝宝被动物咬伤（抓伤）时，先用水将伤口清洗干净，并且消毒。如果伤口过大，则不宜过度冲洗，防止引起大出血。

（2）若有出血现象，则必须先止血，再以干净的纱布盖住伤口。

（3）应立即到当地疾病控制中心就诊，注射狂犬疫苗或高效免疫血清。

（4）如果宝宝身上的伤口还沾有泥土或灰尘等脏污，可视情况给予抗生素；如果伤口太脏的话，用大量生理食盐水冲洗，尽量使伤口保持干净，减少细菌污染，加速伤口愈合。

二、预防方法

如何预防宝宝被动物咬伤?

（1）不要让宝宝单独与宠物待在一起。

（2）春季是动物的发情期，也是宠物伤人的高峰期，宝宝与宠物不要过于亲昵。

（3）告诉孩子不要靠近不熟悉的狗，更不要抚摸和逗它玩。遇见陌生的狗，不要与其对视，也不要试图意外逃跑，平静地站立即可。不要打搅正在睡觉、吃食的狗、猫，避免被狗、猫咬伤。

（4）被宠物撕咬污染的衣物，应及时换洗并煮沸消毒、日光暴晒或使用消毒剂清洗。

（5）被宠物咬伤或抓伤后，绝不要抱任何侥幸心理，不管宠物是否打过疫苗，不管是咬伤还是抓伤，只要有皮下渗血或出血点，就应及时注射狂犬疫苗。

第八节　其他急救常识

一、如何分辨动、静脉出血

动脉出血时血的颜色呈鲜红色，出血量会比较大而且快速，也比较危险，这类出血常见于严重的外伤；静脉出血颜色呈暗红，血流较平稳，除非出血量大，否则会比动脉出血容易控制，静脉出血较常见于撕裂伤或切割伤。

二、压迫止血法的步骤

压迫止血有如下几步：

（1）判断是否有大量出血，若压迫后仍无法止血，可绑上止血带。

（2）用干净的纱布直接贴在伤口上，并用力压迫直到止血。

（3）若出血持续，可用三角巾或领带当作止血带使用，千万不可用绳子当止血带，以免导致神经及皮下组织受伤。

（4）将止血带折成5cm宽度，缠在伤口离心脏较近的地方，例如小腿流血时，要在大腿处绑止血带，紧缠2次并半打结，然后将短木棒置于半打结处，旋紧并打结。

（5）将包上止血带的时间与部位，清楚地写在止血带上。

（6）每隔20分钟稍微松开止血带，以免缠得过久，造成血液无法流通，使组织坏死。

第六章 预防接种

所谓预防接种，就是将人工制成的各种疫苗，采用不同的方法和途径接种到宝宝体内。疫苗的接种就相当于受到一次轻微的细菌或病毒的感染，迫使宝宝体内产生对这些细菌或者病毒的抵抗力，经过如此的锻炼，宝宝再遇到这些细菌或病毒时就不会患相应的传染性或感染性疾病了。

早产儿生长发育状况滞后于足月儿，在免疫系统方面尤为突出，其T细胞和B细胞（均为免疫细胞）功能比足月儿更不成熟。出生前后使用类固醇及体重较轻都可能导致早产儿对某些疫苗的免疫应答低下。尽管如此，我们还是应该尽早给早产儿进行免疫接种，因为早产儿相对于足月儿存在着更大的被感染危险。

目前我国实施的儿童计划免疫程序是针对足月宝宝制定的，不完全适用于早产宝宝，因此需要适当调整，以适应早产宝宝的身体发育。

第一节　早产宝宝接种疫苗的注意事项

1. 乙肝疫苗

（1）一般情况下，接种时间要推迟。按现行的免疫程序要求，新生儿出生后要立即接种乙肝疫苗，而早产宝贝的首次接种时间应该推迟到出院时，或体重超过2kg时，或在生后2个月时。

（2）特殊情况特殊处理。如果母亲乙肝表面抗原阳性或乙肝感染状况不明，即使宝贝是早产，也必须在出生12小时内接种乙肝疫苗。如果早产宝贝接种第一针时体重低于2kg，那么第一针疫苗不应计入免疫程序，以后还需要接种3针乙肝疫苗。

（3）接种程序有所不同。由于早产宝贝对乙肝病毒的免疫应答低于足月宝贝，所以小于孕32周的早产宝贝需在出生7个月时进行血清学检测，如果抗体浓度较低则需加强接种，或早产宝贝按出生2、4、6和12个月接种4针乙肝疫苗。

2. 卡介苗

出生体重<2500g的早产儿不宜接种卡介苗。

3. B型流感嗜血杆菌疫苗（HIB疫苗）

早产儿和极早产儿接种HIB疫苗的研究显示，早产儿产生的抗PRP抗体无明显差异。胎龄小于28周的极早产儿接种HIB疫苗后需在6个月龄加强1针。

4. 脊髓灰质炎疫苗（OPV）

目前我国均使用口服脊灰减毒疫苗（OPV），研究表明，按现行免疫程序给较大早产儿接种OPV，均可诱导产生充分的免疫应答。而从出院时，开始给极早产儿接种3剂OPV可诱生对所有3个血清型的保护性抗体。

5. 其他注意事项

（1）若无明显疾病，其他的预防接种疫苗，则依早产儿出生后的实际月龄（不需要依照其矫正年龄）按时接种即可，不需考虑体重问题。

（2）有些极度幼小的早产儿，因为住院时间过久，已严重耽误正常预防接种时程，故有时医生会适度地考量缩短接种间隔，以便能追上正常的接种时程。

（3）每次接种疫苗时，父母应先让儿科医生替宝宝做健康检查，评估身体状况，若属正常就可接种疫苗。

第二节　宝宝不能接种疫苗的情况

父母们最关心的事情莫过于孩子的健康了，为了给孩子增强免疫力，防止传染病，家长们都会及时去防疫站给孩子接种疫苗。然而有些情况是不宜打防疫针的，否则事与愿违，还会出现严重反应。

（1）当孩子患有皮炎、牛皮癣、严重湿疹以及化脓性皮肤病时，不宜进行预防注射，需等病情稳定好转后再补种。

（2）孩子患有肝炎、结核、严重心脏病时，应在医生的指导下决定是否预防注射。因为患有这些疾病的儿童体质往往较差，对接种疫苗引起的轻度反应会承受不住，接种后往往会发生较重反应。另外，接种疫苗后肝脏的解毒、肾脏的排泄等功能都要加强，影响有病器官的康复。

（3）患肾炎的孩子服用激素期间或病愈停药后3年之内均不宜注射疫苗。

（4）传染病流行期间，接触了病人的孩子，不宜马上接种疫苗，必须观察病情后，在医生的指导下接种。正在患急性传染病或痊愈后不足2周，处于恢复期的儿童应缓期接种防疫针。

（5）神经系统疾病，如癔症、癫痫、大脑发育不全及血–脑屏障功能差等，也不宜接种疫苗。

（6）重度营养不良、严重佝偻病、先天性免疫缺陷的儿童不宜接种。这些儿童由于制造免疫力的原料缺乏或形成免疫力的器官功能不好，不能产生免疫力或接种后反应严重，故不宜接种。

（7）过敏体质的孩子、患有哮喘、荨麻疹或接种疫苗有过敏史的孩子，不宜打预防针。因为疫苗中含有极其微量的过敏原，对一般儿童不会有任何影响，但对体质过敏的儿童来讲，由于其敏感性极高，也会发生过敏反应，给儿童带来危害。

（8）患有白血病、恶性肿瘤者，不宜接种。

（9）严重腹泻时，大便每天超过4次者不宜服用脊髓灰质炎糖丸活疫苗。因为腹泻时会把糖丸疫苗很快排泄掉，从而使疫苗失去作用。另外，腹泻如为病毒感染所致，会干扰疫苗产生免疫力。

（10）不宜接种疫苗的儿童有时会遇到意外必须接种，如被狂犬咬伤者必须接种狂犬疫苗，这时，一定要在医生指导和密切观察下方可接种。

（11）当孩子患有急性疾病时不宜接种，如：发热、腹泻、呕吐时，暂时不打预防针。当孩子发热，体温超过37.5℃时，应请医生检查发热原因，待治愈后再接种。

第三节　宝宝接种疫苗前后应注意的问题

宝宝接种疫苗前后应注意：

（1）接种前，家长可给孩子洗一次澡，保持接种部位皮肤清洁。换上宽松柔软的内衣，向医生说清孩子健康状况，经医生检查认为没有接种“禁忌症”方可接种。

（2）接种完毕，应在接种场所观察15~30分钟，无反应再离开。孩子打过防疫针以后要避免剧烈活动，对孩子要细心照料，注意观察，如孩子有轻微发热反应，一般在1~2天就会好的。

（3）服脊灰糖丸后，半小时内不宜进食热食及哺乳。

（4）接种疫苗后，少数孩子接种后局部会出现红肿、疼痛、发痒或有低热，一般不需特殊处理，如反应加重，应立即请医生诊治。有些疫苗接种后还会出现轻度硬结，可采用热敷的方法加快消散，用适宜温度的干净毛巾，每天3~5次，每次15~20分钟。

（5）接种卡介苗后3~4周，接种处会出现红肿，逐渐形成一个小脓疱，并自行溃破，流出一些分泌物，以后溃破处结成痂皮后自行脱落，留有一小疤痕，这是接种卡介苗后的正常反应，不必惊慌。

（6）极少数儿童接种后可能出现高热，接种手臂红肿、发热、全身性皮疹等过敏反应以及其他情况，应及时向医生咨询，采取相应的措施。

第四节　宝宝接种疫苗后的反应及处理

一、预防接种后的正常反应及处理

接种任何一种疫苗，对人体来说都是一种外来刺激。活疫苗、活菌苗的接种，实际上是一次轻度感染；死菌苗、死疫苗对人体是一种异物刺激。而人体生来就有“排斥异己”的本能，因此，接种后就会引起不同程度的反应。这种反应的轻重，与疫苗种类、质量、使用方法以及接种对象的身体素质有关。应正确认识，并注意与疾病相区别。

1. 红、肿、热、痛

一般在接种疫苗后24小时左右局部发生红、肿、热、痛等现象，又称为局部反应。局部红肿直径在2.5cm以下者为弱反应，2.6～5cm为中等反应，5 cm以上者为强反应。强反应有时可引起局部淋巴结肿痛、淋巴管发炎等。局部红肿及疼痛多数在1～2天，少数在3～5天自行消退。卡介苗接种的方法不同，其反应也有所不同。采用皮内注射后，2～3周后出现反应，局部可有硬块、脓疱、溃疡、结痂的过程，一般要持续2～3个月。采用划痕法接种，1～2周出现反应，局部出现红、肿、疱疹，3～4周逐渐结痂并脱落。

处理方法：一般不必处理，局部红肿可用热毛巾热敷。需要注意的是，要防止孩子搔抓后形成局部感染。

2. 发热

发热又称为全身反应。主要表现为体温升高，一般在接种死疫苗一天内出现，体温在37.5℃左右为弱反应，37.5～38.5℃为中等反应，38.6℃以上为强反应。除体温升高外，还可有头痛、恶心、腹泻等症状。一般在1～2天内消失，很少有持续 3 天以上的。接种活菌苗或活疫苗时全身反应比较晚，一般在5～7天才出现。如麻疹疫苗，一般在接种后1周左右出现。

处理方法：目前所用的预防接种制剂，大多数反应都是轻微、短暂的，不需做治疗处理，适当休息，多饮水，1～2天即可恢复正常，中度以上的反应极少。如果体温过高，可进行对症处理，但最好用物理降温法。全身反应严重的需去医院就诊，对症处理。

3. **皮疹**

皮疹也是常见的接种疫苗后全身反应之一。如接种麻疹疫苗后会出现类似麻疹样的皮疹；接种水痘疫苗后1个月内出现类似水痘的皮疹。这是因为这些疫苗本身是活性的减毒疫苗，接种以后可以引起类似相应疾病的轻度感染。脑膜炎疫苗、甲肝疫苗等也可能引起局部或全身性的皮疹，常常是一过性的。

处理方法：这些皮疹相比真正感染疾病而引起的皮疹要轻微得多，而且大多可以在数天内自行消退，一般不需要治疗或处理。

二、预防接种后的异常反应及处理

1. **晕针**

在疫苗注射后即刻或几分钟内发生。小儿可以突然丧失知觉，呼吸减慢，多见体弱小儿，常与空腹、疲劳、室内空气不好、精神紧张或恐惧有关。

处理方法：立即使患者平卧，头放低，保持安静和空气新鲜，并喂些开水或热糖水，一般过会儿就可恢复。

2. **过敏反应**

预防接种引起过敏反应者极少，如果发生面色苍白、心跳加快、脉搏摸不到或很细弱，手足发凉、口唇发紫、抽风、昏迷等症状，应考虑过敏反应。

处理方法：哪怕是其中一部分症状，都要立即让病人平卧，如有条件可注射肾上腺素，并尽快请医生救治。

3. **接种后全身性感染**

原有免疫缺陷或医源性（如长期使用激素）免疫功能不全的儿童，在接种后可发生全身性感染。

处理方法：必须立即注射特异免疫球蛋白或输血，并迅速送医院治疗。对于这类儿童应严禁接种活疫苗。

4. **诱发潜伏的感染**

如夏季接种百、白二联疫苗，可能诱发小儿麻痹症；伤寒菌苗可诱发单纯疱疹，种痘可诱发脑炎等。

处理方法：及时就医。

实践证明，预防接种引起的不良反应是极少的。只要医务人员认真负责，家长密切配合，在各个环节上把好关，是完全可以减少不良反应发生的。

第五节　儿童计划免疫时间表

儿童计划免疫是根据危害儿童健康的一些传染病，利用安全有效的疫苗，按照规定的免疫程序进行预防接种，提高儿童免疫力，以达到预防相应传染病的目的。国家计划内的疫苗是必须打的，即强制免疫的，也是免费的，小孩日后入托、入学甚至出国都要凭打过的接种证办理。

一、计划内疫苗

计划内疫苗是国家规定纳入计划免疫，属于免费疫苗，是从宝宝出生后必须进行接种的。包括2个程序：一是全程足量的基础免疫，即在1周岁内完成的初次接种；二是以后的加强免疫，即根据疫苗的免疫持久性及人群的免疫水平和疾病流行情况适时地进行复种，这样才能巩固免疫效果，达到预防疾病的目的。计划内疫苗接种时间表见表6-1。

表6-1　计划内疫苗接种时间表

接种时间	接种疫苗	次数	可预防的疾病
出生24小时内	乙型肝炎疫苗	第一针	乙型病毒性肝炎
	卡介苗	初种	结核病
1个月龄	乙型肝炎疫苗	第二针	乙型病毒性肝炎
2个月龄	脊髓灰质炎糖丸	第一次	脊髓灰质炎（小儿麻痹）
3个月龄	脊髓灰质炎糖丸	第二次	脊髓灰质炎（小儿麻痹）
	百白破疫苗	第一次	百日咳、白喉、破伤风
4个月龄	脊髓灰质炎糖丸	第三次	脊髓灰质炎（小儿麻痹）
	百白破疫苗	第二次	百日咳、白喉、破伤风

续表

接种时间	接种疫苗	次数	可预防的疾病
5个月龄	百白破疫苗	第三次	百日咳、白喉、破伤风
6个月龄	乙型肝炎疫苗	第三针	乙型病毒性肝炎
	A群流脑疫苗	第一针	流行性脑脊髓膜炎
8个月龄	麻疹疫苗	第一针	麻疹
9个月龄	A群流脑疫苗	第二针	流行性脑脊髓膜炎
1岁	乙脑疫苗	初免2针	流行性乙型脑炎
1.5~2岁	百白破疫苗	加强	百日咳、白喉、破伤风
	脊髓灰质炎糖丸	加强	脊髓灰质炎（小儿麻痹）
	乙脑疫苗	加强	流行性乙型脑炎
3岁	A群流脑疫苗，也可用A+C流脑加强	第三针	流行性脑脊髓膜炎
4岁	脊髓灰质炎疫苗	加强	脊髓灰质炎（小儿麻痹）
7岁	麻疹疫苗	加强	麻疹
	白破二联疫苗	加强	白喉、破伤风
	乙脑疫苗	初免2针	流行性乙型脑炎
	A群流脑疫苗	第四针	流行性脑脊髓膜炎
12岁	卡介苗	加强农村	结核病

二、计划外疫苗

计划外疫苗（二类疫苗）是自费疫苗。可以根据宝宝自身情况、各地区不同状况及家长经济状况而定。如果选择注射二类疫苗应在不影响一类疫苗情况下进行选择性注射。要注意接种过活疫苗（麻疹疫苗、乙脑疫苗、脊灰糖丸）要间隔 4 周才能接种死疫苗（百白破、乙肝、流脑及所有二类疫苗），计划外疫苗接种时间见表6-2。

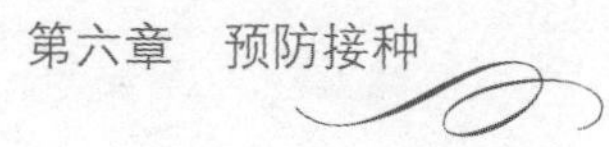

表6–2　计划外疫苗接种时间表

名称	体质虚弱的宝宝可考虑接种的疫苗
流感疫苗	对7个月以上，患有哮喘、先天性心脏病、慢性肾炎、糖尿病等抵抗疾病能力差的宝宝，一旦流感流行，容易患病并诱发旧病发作或加重，家长应考虑接种
肺炎疫苗	肺炎是由多种细菌、病毒等微生物引起，单靠某种疫苗预防效果有限，一般健康的宝宝不主张选用。但体弱多病的宝宝，应该考虑选用
	即将要上幼儿园的宝宝考虑接种的疫苗
水痘疫苗	如果宝宝抵抗力差应该选用；对于身体好的宝宝可用可不用，不用的理由是水痘是良性自限性“传染病”，列入传染病管理范围。即使宝宝患了水痘，产生的并发症也很少
甲肝疫苗	甲型肝炎又称急性传染性肝炎，病毒通过消化道传播。流行范围较广。凡 1 岁以上未患过甲型肝炎但与甲型肝炎病人有密切接触的人，以及其他易感人群都应该接种甲肝疫苗
	流行高发区应接种的疫苗
B型流感嗜血杆菌混合疫苗（HIB疫苗）	世界上已有20多个国家将HIB疫苗列入常规计划免疫。5岁以下宝宝容易感染B型流感嗜血杆菌。它不仅会引起小儿肺炎，还会引起小儿脑膜炎、败血症、脊髓炎、中耳炎、心包炎等严重疾病，是引起宝宝严重细菌感染的主要致病菌
轮状病毒疫苗	轮状病毒是 3 个月 ~ 2 岁婴幼儿病毒性腹泻最常见的原因。接种轮状病毒疫苗能避免宝宝严重腹泻
狂犬病疫苗	发病后的死亡率几乎为100%，还未有一种有效的治疗狂犬病的方法，凡被病兽或带毒动物咬伤或抓伤后，应立即注射狂犬疫苗。若被严重咬伤，如伤口在头面部、全身多部位咬伤、深度咬伤等，应联合用抗狂犬病毒血清

第七章 小儿的生长发育

第一节　脑部发育

一、婴儿脑发育三大基石

1. 遗传

通过改善不良的环境条件，控制基因表达形成，改善个体生长发育，达到补偿或挽救某些遗传上的缺陷的目的。通过维持良好的环境，使优良的遗传基因免受外界的干扰，使其充分表达形成。

2. 环境

在孩子智力形成过程中，遗传基因就像高楼大厦的设计图纸，环境则像高楼大厦的基础。没有基础，设计图纸再好也无法表现。

3. 营养

在遗传基因不可更改的条件下，孕产妇通过注重饮食和科学补充婴儿脑细胞生长发育需要的重要营养素，则能改善和提高孩子的脑功能。

妈妈从怀孕开始就注意这三大基石，才能为孩子孕育出好的大脑。

二、婴儿的脑发育过程

1. 大脑的基本构造

神经元是脑最为重要的组成部分，它们本身就是处理信息的神经细胞。据估计，宝宝从脑开始发育时算起，神经元的数量就以每分钟25万的速度递增，到出生时最多，达到大约1000亿个。神经元的形态大小各异，标志着它们最终将要行使的职责不同。迄今为止，科学家们已确认大概25种神经元。

神经元一旦发育成熟，本身会发生几个重要变化。

（1）轴突分叉：轴突发出几个分支和其他的神经元发生接触，并发生化学反应产生电流以传导信息。

（2）树突生长：树突位于神经元的末梢，和其他的神经元发生接触。它们看上去像一棵树的分叉，但一个神经元的树突之间永远不会发生接触。

（3）传导信息：两个神经元的树突快要接触的地方有一点很小的缝隙，化学物神经介质就在这里流动。这些神经介质携带信息，从一个神经元传递到另一个神经元。神经元、树突和突触之间相互协作的作用尤其重要，突触的构成将最终决定信息在脑部的传递方式。

2. 脑发育的三个重要阶段

宝宝大脑发育从妊娠第四周开始，这时胚胎就已形成3个原始脑泡。妊娠第八周起，胎儿脑神经细胞开始增殖，到妊娠第三个月脑细胞增殖进入第1个高峰。在妊娠第七个月，孩子的脑细胞开始增大，脑细胞功能开始逐渐形成。出生时宝宝的脑重量达到350g左右。

从孩子出生到孩子半岁，又是脑细胞的第二个增殖高峰。出生后的大脑是孩子发育最快的器官，孩子半岁时脑重量已经达到1300g。在哺乳期结束时的1岁左右，脑细胞的增殖完成。

脑发育经历三个重要阶段：

第一阶段：脑细胞增殖高峰阶段

妊娠第八周起，胎儿脑神经细胞开始增殖，到妊娠第三个月脑细胞增殖进入第一个高峰。妊娠3~6个月，是宝宝脑细胞增殖的第一个高峰期。这个阶段，胎儿的脑细胞以平均每分钟25万个的增长速度急剧增加。

孩子出生时，脑发育好的，脑神经细胞数量能达到1000亿个。发育不好的，会因脑细胞数量不足而输在人生起跑线上。

第二阶段：脑细胞增殖和功能发育阶段

妊娠第7个月开始到孩子出生，是脑细胞生长发育的第二个重要阶段。在这个阶段，一方面是脑细胞数量持续增加，另一方面是脑细胞体积开始增大，树突分枝增加、突触开始形成。

这个阶段的重要性在于：脑细胞数量是最后一次增加的时期，一旦错过将终生脑细胞数量不足。同时，脑细胞的质量等级也主要由这个阶段决定，严重影响出生后的脑反应速度、记忆力、思维能力，对孩子的智商影响最大。

第三阶段：脑胶质细胞增殖及髓鞘化阶段

孩子出生后1年内，是脑细胞增长的最后一个高峰期。这个阶段，脑神经细胞持续增大，神经胶质细胞迅速分裂增殖。脑神经胶质细胞产生髓磷脂鞘，包裹脑神经细胞间互相联系的神经轴突。它是从神经细胞到神经细胞之间指挥整个身体传送信息的神经通道，就像传送信息的电线一样，影响孩子的脑神经信息传递。

智商高的孩子，无一不是脑神经细胞和脑神经胶质细胞发育良好甚至优秀的。脑细胞和脑神经胶质细胞长得数量多、质量高，孩子的大脑才能聪明。所以说孩子的聪明是从孕期开始，哺乳期长成的。

在胎儿时期，感觉系统发展的顺序是触觉、痛觉、前庭、嗅觉、味觉、听觉，最后是视觉。但是当早产宝宝出生后，在新生儿病房中接触到的刺激最多的是视觉及听觉，其他的感觉刺激相对较少，这可能会影响到正常的神经发展。对比早产儿及足月儿的大脑磁共振检查结果发现，早产宝宝即使到了预产期，其前叶发展及胼胝体的发育仍然较足月宝宝差。对到预产期2周后的早产宝宝进行复查，其发育仍然落后于足月宝宝。

第二节　影响宝宝智力发育的因素

智力是人对环境的适应能力和反应能力，是各种心理能力的总和，包括观察力、注意力、记忆力、思维力、想象力、创造力和实践能力。3岁前是宝宝大脑发育最快、最关键的时期，也是智力发育的最佳时期，错过了这个时期就难以获得或达到智力的最高水平。

影响宝宝智力的因素很多，要想有个聪明宝宝，母亲应该从妊娠时期就要做好防范措施。为了保护孩子的智力，父母应该了解哪些因素会直接或间接地影响孩子的智力。

一、遗传因素

遗传因素是导致重度智力低下的主要原因之一，在发达国家由遗传疾病所致的智力低下占重度智力低下总数的一半以上。

二、疾病因素

疾病可引起大脑的损害，造成日后智力障碍的疾病有以下几种。

1. 新生儿核黄疸

新生儿核黄疸亦称胆红素脑病，是引起新生儿严重脑损伤及发生严重神经系统后遗症的重要原因之一。由于新生儿体内过高的胆红素通过血–脑屏障与脑细胞结合，从而使脑细胞功能发生障碍，损害中枢神经系统，影响宝宝的智力。

2. 新生儿化脓性脑膜炎（简称化脑）

化脑是常见的危及新生儿生命的疾病，是新生儿期化脓菌引起的脑膜炎症。本病常为败血症的一部分或继发于败血症，其临床症状常不典型（尤其早产儿）主要表现烦躁不安、哭闹尖叫，严重者昏迷、抽搐，有时表现反应低下、嗜睡、拒奶等症状，故疑有化脓性脑膜炎时应及早检查脑脊液，早期诊断，及时彻底治疗，减少死亡率和后遗症。

3. 新生儿窒息

新生儿窒息是指由于产前、产时或产后的各种病因，使胎儿缺氧而发生宫内窘迫或娩出过程中发生呼吸、循环障碍，导致生后1分钟内无自主呼吸或未能建立规律呼吸，以低氧血症、高碳酸血症和酸中毒为主要病理生理改变的疾病。严重窒息是导致新生儿伤残和死亡的重要原因之一。新生儿窒息是出生后最常见的紧急情况，必须积极抢救和正确处理，以降低新生儿死亡率及预防远期后遗症。

4. 新生儿低血糖

新生儿低血糖是新生儿的血糖低于所需要的血糖浓度，常发生于早产儿、足月小样儿、糖尿病母亲的婴儿，在新生儿缺氧窒息、硬肿症、败血症中多见。严重的低血糖持续或反复发作可引起中枢神经的损害。

5. 早产儿颅内出血

由于颅内受压使血管破裂出血，出血部位脑组织血液循环受到阻碍，使细胞变性坏死，从而影响宝宝的智力。

哪些因素会造成早产儿颅内出血呢?

（1）产伤性颅内出血：一般体重偏大的胎儿比较常见。在分娩过程中发生难产、急产、胎位不正或使用产钳来帮助分娩等，会使胎儿头部受到挤压而引起颅内出血。

（2）缺氧性颅内出血：当胎儿在妈妈子宫内、生产过程中或者出生后因各种因素引起缺氧而造成的新生儿颅内出血，叫作新生儿“缺氧性颅内出血”，多见于早产儿，但有些剖宫产的新生儿也会发生。

（3）医源性颅内出血：由输液、机械通气不当等原因造成的新生儿颅内出血叫作“医源性颅内出血”。

三、营养因素

大脑是智力发育的物质基础，智力的高低取决于大脑的发育良好与否，而大脑的发育与营养密切相关。大脑和智力的发育都需要充足的营养。脑细胞的发育离不开蛋白质、脂肪、碳水化合物（糖类）、维生素和矿物质。蛋白质是脑细胞的主要成分，牛磺酸是来自蛋白质的氨基酸，在促进胎儿和婴幼儿脑发育方面，有利于脑细胞的发育、增殖和成熟，并能使神经网络变得发达、功能健全。母乳富含牛磺酸，母乳喂养可起到良好的健脑作用。研究证明，人脑细胞有2次分裂高峰，即妊娠26周和出生后的一个短时期。我国神经生理学家张香桐指出：人脑神经细胞的数目在出生后6个月内还在继续增加。人脑细胞增加必须有蛋白质、核酸以及一些辅助营养素的充分供应。婴幼儿时期是关键时期，婴儿在产前或产后7个月内的营养十分重要。特别是怀孕的最后3个月，是胎儿大脑生长发育最快时期。在这个时期，如果缺少营养，脑细胞的数目就会减少，智力的发育就要受到限制，甚至低能。因此，要想让孩子拥有一个聪明的大脑，父母应在孕期到孩子出生后3岁之内，抓住这一黄金时期，合理平衡膳食。

四、环境因素

1. 地理环境

孕妇缺碘是影响胎儿正常发育的重要因素之一。放射线无论是X线或其他放射线，均可使胚胎发育停止继而发生畸形。胚胎受放射线影响的程度取决于放射线种类和剂量、受照射时的发育阶段、胚胎对放射线的敏感性。噪声对胎儿的影响主要表现在对胎儿发育、胎儿反应以及致畸作用等方面。重金属如铅含量过高，易发生不孕、自然流产、生产低体重儿，其婴儿则有发育迟缓、智力低下等表现。

2. 社会、人文环境

早期社会隔绝、情感人为剥夺、缺乏母爱、无人照料、文化闭塞、不适当的教导方式等均可影响孩子的智力水平。在社会经济地位高、家庭结构稳定、母亲受过良好教育的家庭中，儿童的智力水平高于那些相关条件差的孩子。其他因素如大家庭、多子女、出生间隔时间短、双生子和父母离异等，均对儿童的智力发育有直接影响。生活在枯燥环境里的儿童，如弃婴，得不到母爱及良好的教育，智商会较低。据研究调查表明，这类孩子3岁时平均智商仅为60.5，反之，处于良好环境的3岁儿童智商平均为91.8。

因此，从受孕开始父母就要尽量为宝宝提供一个良好的、安全的生存环境，用爱、语言和行为为宝宝营造一个健康阳光的成长环境，从而提高宝宝的智力水平。

五、早期干预

早期干预是指一种有组织、有目的、环境丰富的教育活动，它用于发展偏离正常或可能偏离正常的5~6岁以前的小儿。通过这种措施，可望使这些儿童的体格、运动、智力、语言、行为能有所提高或赶上正常儿童的发育。

第三节　宝宝智力开发的五个最佳时期

如何让宝宝变得更加聪明是每个父母的心愿。从宝宝出生开始，父母就在为打造“天才宝贝”而寻觅良径。从事相关研究的专家也证实多年来的观点：早期的社交和情感经验是智力发展的关键。

在宝宝成长的各个关键期鼓励和支持宝宝多多接触周围的事物是开发智力的金钥匙。

研究表明，通过不断地刺激大脑，可以使大脑飞速发展。父母在平时的生活中可用以下四种方式循序渐进地刺激宝宝大脑。

低度刺激：让宝宝观赏花草、听音乐等，有利于开启宝宝的心智。

中度刺激：观看电视大赛、智力比赛等，可培养宝宝观察、欣赏、鉴别及语言表达能力。

高度刺激：插花、下棋、饲养小动物等，可以磨砺宝宝的耐心和鼓励开动脑筋。

更高度刺激：吟诗、作画、木刻、石雕、泥塑、演奏乐器、练武术、踢足球、搞小发明及航模等，可培养宝宝的求知欲、应急能力和创造精神。

宝宝智力开发的5个最佳时期及特点如下。

1．关键期1：0~1岁，声音辨别关键期

宝宝出生1周后，就能辨别出给他喂奶的妈妈的声音，4周后就具有对不同声音的辨别力。

训练方法：

（1）在宝宝睡醒后，精神很好时，朗读诗歌给他听。

（2）经常唱歌或放音乐给宝宝听。

（3）经常对宝宝说话，教他人物或物品的名称等。

（4）经常带宝宝到户外聆听周围环境中的各种声音，如狗叫声、喇叭声、门铃声等，并向宝宝一一解释。

（5）模仿动物的叫声，鼓励宝宝模仿。

（6）利用游戏的机会，让宝宝辨别从不同方向传来的声音。

（7）多与周围的人接触，让宝宝感受不同的声音特点和模式。

2．关键期2：0~2岁，动作发展关键期

训练方法：

（1）满月起，用手推着宝宝的脚丫，训练他爬行。

（2）宝宝3个月时，在他小床的上空悬挂一些玩具，使宝宝双手能够抓到，锻炼他的手眼协调功能。

（3）在宝宝6~7个月时多创造爬的机会，如让宝宝俯卧着，放一两件玩具在他前方，吸引他向前爬，尝试着去抓取玩具，以促进他动作的发育。

3．关键期3：1~3岁，口语发展关键期

训练方法：

（1）引导宝宝注意大人说话的声音、嘴形，开始模仿大人的声音和动作。这时主要是训练宝宝的发音，尽可能使他发音准确，对一些含糊不清的语言要耐心纠正。

（2）引导宝宝把语音与具体的事物、具体的人联系起来，经过反复训练，宝宝就能初步了解语言的含义，如宝宝在说“爸爸”“妈妈”时，就会把头转向爸爸妈妈。

（3）利用生活中遇到的各种事物向宝宝提问，如散步时问树叶是什么颜色，并要求宝宝回答，提高他的语言表达能力。

（4）鼓励宝宝多说话，耐心纠正宝宝表达不完整或不准确的地方。

4. 关键期4：2~4岁，计数能力发展的关键期

训练方法：

（1）利用日常生活的各种机会，经常数数给宝宝听，如给宝宝糖果时、上下楼梯时。

（2）借助不同的物品，如手指、积木等，和宝宝一起数数，增加宝宝对数字的感性认识。

（3）利用生动的形象，教宝宝认识数字符号，如“1像筷子、2像鸭子、3像耳朵”等。

（4）设计一些有趣的游戏让宝宝做，如让宝宝从数字卡片中找数字。

（5）运用具体实例，教宝宝加减法，可以用苹果、积木等道具来演示。

（6）提供足够的实物材料，让宝宝自己动手，寻找数字间的联系。

5. 关键期5：1~3岁，音乐能力发展的关键期

训练方法：

（1）选择适合宝宝的歌曲、世界名曲、童话故事音乐等，与宝宝一起欣赏，同时进行讲解，或向宝宝提出问题，激发他的想象力。

（2）选择适合宝宝年龄特点的歌曲，教宝宝唱。

父母须知

开发智力的辅助工作

保证营养，也就是注意食物的“益智配方”。宝宝从出生起大脑就需要不断地吸收各种帮助大脑发育、发展的营养元素，ARA和DHA成分对脑部和视觉发育非常重要。

多进行益智游戏，用游戏和玩具，通过科学的训练和学习方法，向宝宝输送精神营养，最大限度地开发孩子的脑部潜能，升级孩子的智力。

多和宝宝交流。在宝宝玩游戏的同时，亲人的参与很重要，父母的爱心和耐心能够很好地诱导宝宝投入到游戏当中，将精神营养和物质营养有机地联系起来，给予宝宝最大的安全感和最好的心灵沟通。

第四节　早产宝宝的体能训练

人的体格发育是受神经系统影响的，体格训练也可促进身心的全面发展。如何促进早产儿的体格发育？促进早产儿体格发育的一个主要方法是增加其全身活动，这不仅能促进早产儿的生长发育，增加其肢体灵活性，还可以促进其智力发育。

早产儿的体格训练也应该遵循小儿动作发育的规律：如动作发育是由上而下的，先会抬头后抬胸，先学会坐、再会学站和走；肢体活动也是由近到远，如先抬肩、伸臂，再双手握物而至手指取物；行为也是由不协调到协调、由泛化到集中的；动作由粗到精细，先发展抬头、坐、站、走等大动作后才有手指摘物、脚尖走路等细动作；先有正面动作后再会反面动作：如先会抓东西才能放下东西，先会向前走后才会向后退，最后再协调平衡全身所有的动作。

早产儿的体格训练还要参照矫正月龄，尽管有许多理由给予孩子更多的训练，但还是应该根据早产儿的不同年龄，不同的发育情况，选择合适于自己孩子的运动。如当孩子到了矫正8个月的年龄但还不能支撑身体时，就不能强迫他去爬行。

父母须知

早产儿体能训练的方法

早产儿体能训练的方法一般有以下几类。

1. 抚触

抚触是一种被动但有效的促进早产儿体格发育的方法，出生后就可以进行。

2. 婴儿体操

是促进小儿动作发展的一种好方法。主要是通过一些被动和主动的活动，使小儿身体各部位灵活起来，以帮助和促进小儿运动能力的发展。大人先可用手辅助孩子的四肢，进行伸直、弯曲、向上、向下的运动。

3. 爬行

不会走或行走姿势异常的孩子要从爬行开始训练，爬行是行走的基础，爬行训练有斜板爬、俯爬、障碍爬、膝手爬等。通过四肢及头部、手掌、脚掌、小腿内侧的活动，促进其正确运动的出现，纠正错误的运动姿势并改善其感知觉，这是治疗早产儿运动发育迟缓及运动障碍症的主要方法。在婴儿发育过程中爬行是一项能够促进智力及体格发育的好运动，爬行可使全身肌肉得到锻炼，爬行有利于婴儿脑损伤的康复。

4. 体育锻炼

当孩子能独立行走时，可以指导孩子做一些力所能及的体育运动，如体操、散步、爬山，然后可以增加一些有技巧的运动，如跳绳、拍球等。

5. 生活能力的训练

当孩子有了一定的行为能力时，可以训练孩子一些生活自理能力，如训练孩子吃饭、穿衣、拿东西、放东西、游戏等，这不仅是运动，也是智力开发，动手对大脑有好处。不要认为孩子不能做，应该相信他一定会做到。

第五节　宝宝的听觉能力训练

听觉是个体对声波刺激的物理特性的感觉。声波从外耳传入，引起鼓膜振动，经听觉神经传入大脑皮层的听觉中枢，就产生了听觉。

听觉在婴儿心理发展过程中具有重要意义，它是婴儿探索世界、认识世界，从外界获取信息不可缺少的重要手段。语言、音乐等能力的发生和发展都离不开听觉。在婴幼儿期，孩子的智力发展主要是以听言语为主，若此时听力出现问题，必会造成语言发育障碍，从而导致学习和人际交往的困难，也会影响智力的发育。所以，早期训练要十分关注听力训练。

一、婴儿听觉发展特征

婴儿听觉发展特征为：

（1）婴儿在胎儿期的第五个月就已有了听觉能力，6个月时听觉感受器就已基本发育成熟。出生以后就能适应人间的各种声音（除噪声以外）。

（2）新生儿喜欢听母亲的说话声和轻松、优美的音乐声，尤其是听到胎教音乐时会表现出相对的安静、愉快和安全感，对强烈的噪声表现出烦躁的情绪。

（3）出生3个月时，能够明显的集中听觉，能够感受不同方位发出的声音，并且向声源方向转头。

（4）到了5~6个月时，对于声、像刺激相吻合的物体注视的时间会更长一些；到了7~8个月时，能根据声音的方向用视觉去寻找发声的物体，声音的分辨能力明显提高。

（5）1岁半左右，一般都会用肢体动作吻合音乐的节奏和旋律。有的婴儿2岁以后，能静下心来倾听一段音乐。

二、婴儿听觉发展训练方法

1. 父母声音

父母声音是对宝宝最好的刺激。宝宝出生后，父母可以给孩子朗读优美的诗歌，要多和他讲话，使他逐步由听懂语音到听懂词汇，并且学习自己发出词汇的声音来。培养孩子的听力，也是培养孩子早说话的过程，无论是听觉训练，还是语言训练，都要注意趣味性，要在孩子兴趣盎然的游戏活动中，有意识地引导孩子学说话；还要注意所教语词的形象性，即为了使孩子逐渐掌握丰富的词语，应尽量使这些词语能同所代表的事物对应起来，词和具体物象一起映入脑海中。

较大的孩子可以在安静的环境里，采用一对一的形式进行听力训练。还可加以音调强弱、速度快慢的控制，这更能引发早产儿的听觉注意力。如：母亲控制说话的语调，唱歌时采用不同韵律和节奏等循序渐进地给予声音刺激；还可让聆听鼓声、铃声的强弱、快慢、次数，逐渐从“听觉记忆”发展到“语言表达”。

2. 音乐欣赏

人的左脑是逻辑的语言脑，而右脑是感受音乐的脑组织。在宝宝学会说话之前，优美健康的音乐能不失时机地为宝宝右脑的发育增加特殊的“营养”。选择音乐的标准有三条：即优美、轻柔、明快。中外古典音乐、现代轻音乐和描写儿童生活的音乐，都是训练宝宝听觉能力的好教材。最好每天固定在同一个时间，播放一首乐曲，一次5～10分钟左右为宜。播放时先将音量调到最小，然后逐渐增大音量，直到比正常说话的音量稍大一点儿即可。

3. 音响玩具

可供宝宝进行听觉能力训练的音响玩具品种很多，如各种音乐盒、摇铃、拨浪鼓、各种形状的吹塑捏响玩具以及能拉响的手风琴等。在宝宝醒时，爸爸妈妈可在宝宝耳边轻轻摇动玩具，发出响声，引导宝宝转头寻找声源。进行听觉训练时，需注意声音要柔和、动听，声音不要持续很长，否则宝宝会失去兴趣而不予配合。

4. 自然界声音

从宝宝可以到户外活动开始时，就要尽可能让他倾听大自然的各种声音，如风声、雨声、流水声、浪击声、鸟叫声、蝉鸣声等，这些自然界的原态声音，能使宝宝耳聪目明、心旷神怡。

第六节　语言能力训练

宝宝来到这个世界，发出的第一种声音便是“哭”。长到2～3个月大时，宝宝能发出“咿咿啊啊”等声音。大部分宝宝到了8个月大左右，就开始喃喃自语，甚至还可发出一些单字。在此阶段，父母应怎样和宝宝进行交流呢？下面几点是有经验的爸爸妈妈们曾经使用过，而且效果非常不错的训练宝宝语言能力的方法。

1. 通过眼睛启发宝宝说话

眼睛是心灵的窗户，爸爸妈妈与自己的宝宝沟通时，首先要进行的就是眼光的交流，而宝宝通过爸爸妈妈的目光，聆听爸爸妈妈的声音，熟悉爸爸妈妈的表情，即可奠定对“说话”的了解和这种交流方式的认识。

2. 生活中的一切皆语言

生活中出现的小鸟叫声、水流的哗哗声、汽车的嘟嘟声等，都可以让宝宝接触和感受更加广泛的语言题材。另外，父母还可以一边做家务一边和宝宝说话，不要让宝宝生活的环境太过安静，因为生活中的一切声音，对于宝宝来说都是最好的语言教材。

3. 每次和宝宝接触，都要与宝宝说话

父母在与宝宝每一次的身体接触中，一定要与宝宝进行有声的交流，因为这样会让宝宝的注意力更加集中，听觉也会变得更加敏锐。父母在给宝宝喂饭、喂奶、换尿布、哄睡觉的过程中，都要养成积极和宝宝对话的习惯，这对于提高宝宝的语言意识将有很大的益处。

4. 积极响应宝宝的呀呀自语

宝宝牙牙学语，表明宝宝在尝试着表达自己的感觉。此时父母一定要积极的响应宝宝的这种声音，使宝宝更加积极的表达自己的感觉。另外，父母在响应宝宝的这种声音时，可以一边和宝宝说话，一边抚摸着宝宝，以达到与宝宝交流的目的。

5. 鼓励宝宝进行模仿

宝宝通常喜欢模仿大人的动作，如说鼓掌、挥挥手说“再见”等，父母可以利用宝宝这种爱模仿的特性，趁机教宝宝各种配合手势的单字，并经常练习，这样宝宝就可以马上记住了。

6. 让宝宝与父母一起寻找目标

宝宝对于父母在做什么、说什么总是觉得很好奇，因此，父母可以让宝宝和自己往同样的方向去寻找目标，以达到让宝宝亲眼、亲耳确认从父母口中说出的与看到的是相同的事物，这样可以训练宝宝的辨识与联想能力。

1～2岁的宝宝多半已经会走路，相对也更加了解父母所说的意思，而且已经会说比较多的单字。从这个时期起，如果父母经常和宝宝进行多方面的交流和对话，宝宝将会更快地掌握一些简单的语言规律。下面是父母与宝宝交流时，应该掌握的几种方法。

（1）教会宝宝正确发音：正确发音是语言交流的基础，如果发音不准确，宝宝和别人进行语言交流时就会造成很大的障碍。因此，父母在训练宝宝语言能力的同时，首先应做到教宝宝正确发音。在具体的实践中，父母可先给宝宝示范正确的发音方法，最关键的是要让宝宝看见父母发音时的正确嘴形，并让宝宝仔细观察与模仿。实践证明，这种方法反复几次以后，宝宝就会试着发出正确的声音了。

（2）教宝宝说句子：1岁以前，宝宝学的是“树”“狗”等一些单字，1岁以后，宝宝会说长一点的句子了，如，“好大的树”“一只小狗”等。父母可以在宝宝已经弄懂这些短句的基础上，再加入一些新词汇来延伸联结出更长的句子，让宝宝练习比较复杂的句子。

（3）说话时配合肢体语言：父母和宝宝说话时，可以配合肢体语言，来帮助宝宝准确和形象的理解父母所要表达的意思。如用手或者身体的其他部位，配合说话做一些相应的动作。这样，不但会增加说话的趣味性，而且还可以让宝宝更容易记住谈话的内容。

（4）经常带宝宝外出：父母可以经常带着宝宝到公园去游玩，或者带宝宝外出散步。外出时，父母应结合相关的事物，教宝宝说一些相关的词和句子。虽然宝宝对于父母所说的一些事物，未必一下子就能马上记住，但让宝宝多接触更宽广的视野，对他今后语言能力的发展与提高会奠定良好的基础。

（5）要有极大的耐性：1～2岁的宝宝对大人的话可能似懂非懂，而且自己能弄清楚的单字语言也十分有限，可这个年龄的宝宝偏偏又有非常强烈的表达欲望。因此，往往会造成宝宝表达不是很清楚，或说话语速非常的慢。此时，父母一定要很有耐性地等待宝宝把话说完，并让宝宝讲明白。相信父母的这种认可，会让宝宝找到更多的自信。也因如此，宝宝的语言能力自然就能得以迅速的提高。

2～3岁的宝宝已能说较多的单字了，但有时用完整的句子表达自己的想法还有些困难，此时，他可能会反复地说“那个”“不是”等字句，爸爸妈妈可多用叙述及形容句式教宝宝说话。

★让宝宝多和别人交流

宝宝在学语言的过程中，常会出现这样一种情况，就是宝宝说的话，只有自己的父母才能听懂，别人要知道宝宝说什么，还得通过父母的“翻译”，显然，这种情况不利于宝宝语言能力的发展与进步，因为宝宝不可能总是只跟父母交流。所以，日常生活中，父母应多多训练宝宝的发音，训练宝宝讲完整的句子，不要用幼儿式的语言和宝宝进行交流。

★和宝宝说话时应多加描述

父母和宝宝说话，应尽量使用联结性的句子，当宝宝说“那个、那个”的时候，即使父母知道宝宝说的“那个”是指什么，也最好完整地回答宝宝：“是这颗糖吗？”“是床上的那只小猫吗？”争取引导宝宝说出：“对，是那只小猫”等联结性句子。父母和宝宝说话时应多加描述，不要拿“这个”让宝宝闭嘴。

★说较长句子时应注意分段

和宝宝说较长句子时，应时刻注意宝宝能不能听懂，最好能配合明显易懂的动作，将句子分成几段，清楚地说给宝宝听，这样宝宝理解起来也才会更加容易。

★经常给宝宝奖励

当宝宝自己说出较长句子，或说出新学会的词汇时，爸爸妈妈一定不要忘了给宝宝一个吻并且称赞他，然后再轻轻地重复一次，这样宝宝会清楚地知道自己的表达是正确的，也才会更有兴致地说话。

★把宝宝说的话画出来

为提高宝宝的语言兴趣，爸爸妈妈可将宝宝说出的句子或内容，用简单的画面表现出来，以此增强宝宝的语言理解能力和记忆能力。

第七节　宝宝的感觉综合能力训练

人是通过视、听、嗅、味、触、重力感觉来感受外界事物，并通过感官将信息传递到大脑中去的，大脑在经过整合之后再指挥四肢行动，这个能力被称为“感觉统合能力”。对早产儿进行感知觉的训练是对早产儿早期干预的方法，也是得通过让婴儿的感觉器官，如眼、耳、鼻等，与外界事物接触来进行的。

婴儿在言语和语言表达等方面亦依赖于这种感知经验，获得对周围事物的更深认识及了解。感觉统合能力训练主要是给予早产儿多一些刺激，如让多看、多说、多动等，使他们比正常的孩子有更多的机会，接受更多的教育和训练。

统合能力训练可以增强孩子学习时的注意力、反应速度、动作速度、反应灵敏性、情绪稳定性、手眼耳协调性等。针对这些问题而进行的大脑功能训练，要求孩子注意力非常集中地完成协调性的动作，效果也会很明显，例如，平衡能力的训练：让孩子通过平衡木、平衡台、旋转圆筒等项目，来训练大脑前庭的平衡功能，以提高孩子的注意力；通过跳绳、小滑板、大滑梯、阳光隧道等项目，训练孩子的本体感，提高孩子的动作反应速度；通过羊角球、袋鼠跳、大笼球等项目，训练孩子的触觉，稳定孩子的情绪，增强勇气和自信心；通过拍球、趴地推球、抛接球等项目，来训练孩子的手眼协调性，解决粗心大意的问题。感觉统合训练还可以矫治儿童多动症、抽动症、自闭症、智力发育迟缓、语言发育障碍、尿床、运动协调障碍等特殊问题。

第八节　情商的培养

一、什么是情商

著名科学家爱因斯坦曾经说过："智力上的成就在很大程度上依赖于性格的伟大，这一点往往超出人们通常的认为。"众所周知，影响儿童成长及成熟的两大心理因素是智力因素和非智力因素。智力因素是一个智能操作系统，它是儿童在生活中解决各种问题时进行感知、注意、观察、记忆、思维、想象、言语活动能力的总和。而非智力因素是一个动力系统，它在儿童活动中起着定向、引导、维持、强化等作用，包括需要、欲望、动机、兴趣、情绪和情感、意志、自信心、性格、气质、习惯等。由此看来，"情商"涵盖了非智力因素中的大部分要素。

从某种意义上讲，情商甚至比智商更重要，随着未来社会的多元化和融合度日益提高，较高的情商将有助于一个人获得成功。现在大多数家长过多地重视孩子的智商发展，而忽略了孩子的情商发展，其实早期的情商教育尤为重要，也就是心理上的一种塑造，如果一个孩子从小性格孤僻、不易合作；自卑、脆弱，不能面对挫折，急躁、固执、自负，情绪不稳定，那么他智商再高，也很难取得成就，而情商应该从小培养。反之情商高的孩子会有很好的自我认知，积极探索，从探索中建立自信心，对自我情绪能很好地控制，抗挫折能力强，喜欢与人交往，愿意分享、合作，为日后成功做准备。婴幼儿早期情商的发展与父母的教养方式有密切关联，父母的教养方式又与父母是怎样正确辨识自己孩子的自身气质有关联，只有正确建立亲子依恋关系才能正确辨识自己孩子的自身气质。

情商有先天遗传的成分，但与智商相比，更由后天决定。它是后天学习的价值观、方法和技巧，进而形成在自我形象、情绪管理、竞争力、挫折抵抗、沟通、人际关系及领导力等方面的表现。0~3岁是宝宝性格、习惯、意志品质形成和发展的第一关键期，而这些情商要素才真正决定了孩子的成功和幸福。

二、情商特征表现

A：同情、关心别人，善良，表达、理解感情，控制情绪，独立性强，适应性强，受人喜欢、人际关系良好、坚持不懈、友爱、尊重他人、好奇心强等。

B：社交能力强，外向而愉快，不易伤感恐惧，对事业投入，为人正直，富有同情心，独处或群居都怡然自得，情感丰富但守规矩等。

三、培养基本原则

情商培养的基本原则为：

（1）保教结合：在保育中教育而不专门教育，不要只进行智力教育。

（2）快乐至上：最重要的是快乐的情绪，意义重大，不要强迫宝宝学什么。

（3）顺其自然：平常心态对待孩子成长的优缺点，不要拔苗助长。

（4）重视个性：不要轻易否定孩子的想法。

（5）游戏为主：在游戏中进行培养和教育。

四、培养情商的基本方法

1. 赏识教育

承认差异，尊重差异，成功来自于失败，宝宝第1000次摔倒了，你要相信他第1001次肯定站起来。得到别人的赏识，是人性中最本质的渴求。忽视孩子心灵深处最强烈的需求，而只认为在物质上尽量满足他的吃喝玩乐是最最失败的父母。当宝宝第一次说话，第一次独立站立，第一次画画都要给予赞美鼓励！对于宝宝表现出的积极健康的言行，一定要给予肯定鼓励和表扬。千万不要不以为然，这对有自卑心理孩子更为重要。但是赏识教育不能代替正确的批评教育和遭受挫折的教育。

方法：

（1）孩子走路摔倒了，一定要鼓励孩子自己爬起来，然后给他鼓励表扬，千万不要第一反应就去拉他。

（2）孩子自己要吃饭，开始饭粒撒得到处都是，要鼓励他，教他使用勺子的技巧，掌握后表扬他，千万不要骂他，或者剥夺他自己吃饭的权利。

（3）全家人经常一起听孩子唱歌看孩子跳舞，结束时给予掌声。

（4）经常使用你的大拇指。

2. 行为训练

批评宝宝他不一定完全听懂，所以行为示范然后培养良好的习惯非常重要，包括饮食习惯、语言习惯、卫生习惯、学习习惯、做事习惯、交往习惯等。家长要做到以下四条：①要有意识给宝宝动手机会，鼓励干力所能及的事情。②正确的行为要及时表扬记录小星星，错误的行为要及时指出并讲清道理。加深印象。③要理解和宽容孩子的错误，不要着急，反复地教。④要做示范给孩子看，让他模仿。

方法：

（1）不论听懂与否，天天对孩子回家说你好，睡前说晚安，长期坚持，必然给他养成良好文明的行为习惯。

（2）对危险举动或者不听话，要理解和引导，千万不要吓唬和打骂孩子。不小心摔倒了或擦破皮、流一点血，父母不要表现得过分紧张（爷爷奶奶也要这样非常重要），鼓励他爬起来，告诉他涂一点药水就好了，以后多注意就行（以后宝宝遇到困难也不会惊慌）。

（3）孩子偶尔说脏话，爸妈不要大惊小怪，首先严肃告诉他不好，然后很快转移宝宝注意力，逐渐淡化脏话的印象，切不可暴跳如雷。

（4）有意识培养礼貌习惯，接人待物、关心尊重别人的习惯。

（5）指导孩子注意个人卫生，衣着整洁，让他学习收拾家务，整理玩具，培养责任意识。

3. 环境熏陶

良好的家庭物质环境和精神环境是宝宝成长的重要外部条件，如整齐悬挂的名人肖像和其他艺术品，平缓柔和的讲话方式等。

4. 榜样示范

榜样的力量是无穷的，家长要努力提高自己的修养，方方面面为孩子树立榜样。

5. 自然后果

就是让宝宝自己通过切身体验来认识周围事物和现象，认识活动和结果的意义，以此来培养孩子的责任心和意志力等品德。要让孩子自己体会到所犯错误和过失带来的自然后果，但是要有度，以不伤害孩子为准则。父母要有耐心，鼓励孩子自己选择，即使是错的，也让他体验他的决定带来的后果。

方法：

（1）孩子发脾气把玩具丢掉，父母不要急于给他捡回来，就让玩具在外面或者被捡走。下次要的时候告诉他玩具没了，让他自己去找，结果他不能找到，让他自己体会没玩具的苦果。

（2）孩子不肯上桌吃饭，不要哄、骗或者强迫他吃饭，等他饿的时候，想吃也不给他，也绝不给他零食，或者减去他的几个小星星，如此几次肯定改正。这个时候父母要做的就是要“狠”下心来。道理很简单，宝宝的一时饥饿和良好的吃饭习惯相比，当然是后者重要了。

6. 挫折教育

没有人能一帆风顺地成长，人生总会遭受不同程度的挫折，只有在挫折中不断吸取经验教训，获得知识和智慧，才能经受得起生活的考验。因此，当面对孩子所受到的挫折时，父母要正确面对，而不是过多将孩子保护起来。

“不经历风雨，怎能见彩虹”，挫折不是打骂和体罚，也不要刻意设计设计挫折，顺其自然。在孩子遇到困难时，鼓励他，不要自己代劳，让他自己去克服，千万不要剥夺孩子面对困难的权利。但是挫折要适度和适量，以孩子年龄承受程度为限。

7. 延迟满足

在宝宝有要求时，不要立即满足他，可以运用奖励、暗示等各种教育手段让他耐心等一段时间，这是非常好的办法，对孩子以后的品质非常重要。说话语气要坚决，让孩子知道闹也不管用。

方法：

（1）1～2岁宝宝着急吃太冷或太热东西，要用简单语言告诉他为什么要等一下，一般几分钟。2～3岁的孩子可以忍受从几分钟到一两天的等待。

（2）在过生日的前几天，提前征求宝宝意见，定下来，让他耐心等待，到生日那天才送给他礼物。

8. 暂停技术

应对不良行为：撒泼哭闹等。

方法：

（1）在实施之前，向孩子解释这种管教方法的目的和规则。

（2）选定一个地方，必须是个远离冲突场面和人们视线的地方，比如睡房，暂停活动不是让孩子玩乐，而是让他自己在一个地方冷静和反省自己的行为。

（3）暂停活动的时限，一般是孩子1岁就1分钟；2岁就2分钟；如果在指定的时间内就冷静下来了，那么就可以提前终止暂停活动。

（4）确保暂停活动的地方是安全的，若是孩子不会开门，就不要把门锁上。

（5）孩子被“关”在房子里面，可能会哭喊，但是，他会逐渐冷静下来的，而且他必须完全冷静下来才可离开。

（6）如果没有完全冷静下来就走出来，你一定不能心软，一定要硬下心来，把他不动声色的带回房间，以平静的语气告诉他必须完全冷静了才能出去玩。千万不要打骂或者唠叨他，以防止引起别人不必要的注意。

（7）暂停活动后就不要再次提起这件事。

第九节　早产宝宝发育的早期干预

早期干预是指一种有组织、有目的教育活动，它用于发展偏离正常或可能偏离正常的5~6岁以前的小儿。通过这种措施，可望使这些儿童的体格、运动、智力、语言、行为能有所提高，或赶上正常儿童的发育。

1. 早期干预的独特医学背景

早产儿的早期干预是以促进早产儿脑部各个能区的发展并规避其发育风

险为首要目的一种疗育手段，是从专业角度，根据教育专家对孩子的发育情况进行的全面评估，然后根据评估结果制定有计划、有目的的能区促进方案并实施，最终使早产儿实现追赶性成长。而且，早期干预也不等同于现在市面上各大早教、育婴机构里面单纯的亲子教育，早教和育婴机构更多是从教育的角度让孩子“生活得更好”，而面对高发育风险的早产儿，是生存和发展并存的，因此在实现生长发育追赶的同时关注孩子其他方面，比如心理等。所以，早期干预是医教结合的方法，对促进早产儿各能区的发展更加有针对性、有目的性。

2. 早期干预的核心是早期

“早期”也有两个层面：首先是尽可能在低年龄段（0~2岁之前）让早产儿接受早期干预，因为婴幼儿在0~2岁中脑部发育是最快的，脑细胞的代偿能力也是最强的，所以在这个阶段进行早期干预效果最好。其次是在孩子还没有发现任何异常的情况下，进行早期干预。很对家长会有疑虑，说我的孩子尽管是早产，但是现在没有任何问题，为什么要进行早期干预？其实，早期干预也是一种预防的医学手段，目的是把孩子的发育风险控制到最小化，防患于未然。就像婴幼儿为什么要接种疫苗一样，主要是预防孩子未来可能发生的疾病。如果预防没有做好，等到孩子真的有了问题，那就不是早期干预能够完全解决的了，而且耗时耗力，并且也会对孩子未来的心理发育留下阴影。所以，尽早进行早期干预是每一个早产宝宝和家长必须完成的功课。

3. 早期干预是一种无创的环保疗法

临床实践证明早期干预是非常有效预防和降低早产儿发育风险的方法，而且早产儿早期干预所采用的方法，全靠外界丰富的环境刺激及合理的训练，不吃药不打针，所以是“绿色”的。按照今天的公益理念，早产儿的早期干预方法至少是“低碳”甚至是“无碳”的环保疗法。

早期干预的原理和理论依据

一、脑和神经元

大脑皮层是实施脑的高级功能中枢，大约由1000亿个神经元组成，每个神经元都有树突、胞体和轴突。树突接收来自其他神经元的信息，由神经元胞体加工整合后，经轴突传递至下一个神经元。一个神经元的轴突末梢与另一个神经元的树突相接触，形成“突触”。神经信息在突触前神经元的轴突上以电脉冲形式传播，触发轴突末梢释放“神经递质”并与突触后膜上的特异受体相结合，引发突触后神经元发生一系列生理和生化反应。不同的神经元按一定规则有条不紊的连接，形成信息传递加工的“神经回路”。脑的高级神经功能需要多个神经回路甚至是处于不同脑区中的神经回路的协同工作才能实现。

二、脑的发育及其关键期

（1）脑的发育：婴儿出生时就已经拥有几乎所有的神经细胞。出生时，人脑体积约350cm³；出生后，脑继续生长，在6个月龄时，脑将达到最终体积的一半；2岁时，脑体积为成人的3/4；4岁时，脑体积为出生时的4倍，与成人脑体积基本接近。大脑皮层单位体积内的突触数目（突触密度）在出生后也迅速变化，出生时婴儿大脑皮层突触密度远低于成人，出生后大脑皮层突触密度迅速增加。4岁左右时，大脑皮层各区的突触密度达到顶峰（均为成人的150%）。到14岁时，大脑皮层开始裁减突触数目，至青少年期逐渐接近成人的水平。4岁前，大脑皮层突触密度的急剧增加为婴幼儿感觉、运动、语言和认知能力的发展提供了机会舞台。同时，神经回路在生后也遵循用进废退原则继续发育，只有那些有经验输入的区域，那些使用过的突触才能存活下来。髓鞘在生后也大量增加，使神经元传递信息更快、分工更加明确、效率更高。

（2）脑发育的关键期：研究表明，脑的发育存在着关键期。在关键期内，脑在结构和功能上都具有很强的适应和重组的能力，易受环境和经验的影响。例如，婴儿如果从出生起就缺乏有效的视觉刺激，将导致原本用于视觉的脑细胞萎缩或转而从事其他任务。如果视觉在3岁时还不能得到恢复，小儿就会永久性丧失视觉功能。例如，猫在出生的最初几个月内，通过手术把一只眼的眼睑缝合并维持一段时间，然后打开，视觉被剥夺的这只眼睛将永远不能恢复其应有的视觉能力。然而，在成年猫，类似的视觉剥夺并不影响被剥夺眼的视觉功能。这些例子说明在视觉系统的早期发育过程中存在关键期。在关键期内，脑内的神经元需要适宜的环境刺激以便使其和其他神经元发生联系，否则，大脑的发育就会受到永久性的影响。语言对于智力的发育具有极重要的意义，语言学习同样存在关键期。为了能正常地学习语言，人必须在特定的年龄接触正常的语言环境。0~5岁是小儿大脑高速发育的时期，也是语言学习的关键时期。在关键期后，虽然儿童语言能力可继续得到发展，但其发展速度、加工过程以及学习效果都与正常语言学习有显著差异。

三、脑的可塑性

与脑发育关键期密切相关的是脑结构和功能的可塑性。

所谓脑的可塑性，即脑可以被环境或经验所修饰，具有在外界环境和经验的作用下不断塑造其结构和功能的能力。研究表明，没有机会玩耍的孩子或很少被触摸孩子的脑比正常同龄孩子的脑显著的小，他们的智力也相对低下。动物实验也提供了同样的证据，在堆满“玩具”的笼子里的大鼠与在普通单调的笼子中饲养的大鼠相比，单个细胞上的突触数目平均多25%左右，与此相关，这些大鼠有更多的复杂行为表现。又如28天日龄的小猫在没有特殊视觉经验前，视觉皮层细胞对所有方向的视觉刺激都敏感，如果在生后早期视觉敏感期暴露于垂直条纹1小时，则更多皮层细胞只对垂直方向刺激敏感，而很少细胞对其他方向条纹敏感。这就是早期干预的重要意义所在。环境和经验对儿童的影响必须经由感觉通道才能实现，视觉和听觉等主要感觉的关键期约为4~5岁以前，其中尤以第一年敏感性最高。在这时期，提供内容丰富的视听环境会使儿童的感觉能力发育得更加健全。

早期干预对早产儿的好处如此之多，那早期干预具体要做什么呢？早期干预有哪些内容呢？

1. 运动训练

运动训练是根据疾病的特点，患者的临床表现及功能状况借助治疗器械、手法操作以及患者自身的参与，通过主动或被动的方式来改善局部或整体功能，提高身体素质的一种治疗方法。此训练主要针对0~3岁有运动落后及肌张力异常的早产宝宝。

2. 精细运动训练

针对上肢肌张力异常引起的上肢功能障碍及单纯手功能落后进行的操作性训练。此训练主要针对0~3岁有精细运动落后的早产宝宝。

3. 智力训练

针对小儿智能发育延迟所做的综合性训练，包含注意力、认知、语言、手操作能力训练。此训练主要针对6个月~3岁的早产宝宝。

4. 感统训练

通过对儿童视、听、嗅、味、触及本体感觉的刺激，促进身体和谐有效运作，提高儿童交往及学习能力。此训练针对0~12岁的早产宝宝。

5. 集体功能课

通过肢体运动、精细动作、语言、认知、社会交往能力以及亲子关系等，促进早产宝宝各个能区。此课程主要针对6个月~6岁的早产宝宝。

以上是早期干预的主要方向和内容，都是需要医生对宝宝进行评估诊断后，根据实际情况来选择训练的内容。如果让早产宝宝接受中医手法治疗，例如小儿推拿、穴位按摩等，效果会更加明显。

虽然早期干预对早产儿效果明显、好处多多，但也是必须在系统、科学的管理下才能体现出最大的效果。早产儿系统、科学的健康管理就是在整个早期干预的过程中，由医生定期对早产宝宝的体格、运动、智力、行为进行评估，监控发育风险，并跟进评估结果对早产儿进行分级分类管理，为了把早产儿的发育风险控制到最小化，尽量做到“三早”：早预防、早发现、早干预。

早产儿的早期干预不仅仅是医生的工作，作为早产儿的家长也应该全力配合医生。父母是孩子第一责任人，家是早产儿成长必需的空间，所以以家庭为核心，指导早产儿家长配合医生在家中的进行干预也是尤为重要的。具体的做法可以让医生对家长进行一对一的早期综合指导，让家长学会一些基本的干预方法，让早产宝宝在家庭环境下由家长进行辅助干预。其次是由医生根据早产儿的实际情况，制定出个性化的家庭疗育方案，例如喂养/营养指导、抚触与按摩、音乐干预、游戏刺激等。由医生督促家长在家中完成，并及时把孩子的状况反馈给医生。

早产儿的早期干预也是一项长期坚持、持之以恒的功课，因为发育是动态的过程，在发育过程中及时发现问题，进行干预。另外，早期干预也是需要时间来体现效果的，所以家长要戒骄戒躁、保持良好心态，从宝宝以后健康成长的角度，打一场有效、有用、有价值的“持久战”。

早期智力发育落后和干预方法

智力落后是早产儿发育风险之一，研究证明，早产儿智力落后的发生率比正常儿要高。所以对早产儿的智力发育进行监测，极早地发现问题，极早地进行干预，是非常重要的，因为越早干预康复，效果越好。那么我们家长怎么才能发现孩子的智力落后的问题呢？下面我们介绍一些简单的测试方法，家长要根据孩子的纠正月龄，仔细地进行观察，进行一下简单的测试。

测试一：视觉追踪红球或人脸

婴儿仰卧头在正中位，用直径10cm红球，在距离婴儿眼前20cm处轻轻晃动引起宝宝注意。然后慢慢向左、右弧形移动，观察宝宝眼球和头部跟随红球移动情况。

正常：1个月宝宝眼球能追视，但头可能不转动；2个月宝宝眼和头转动，左、右可达各45°；3~4个月追视左、右各90°，即转动180°。

异常：不能注视或追视、转头范围小。

测试二：拉坐姿势和头竖立

婴儿仰卧头在正中位，检查者扶持宝宝两侧前臂慢慢拉起宝宝到45°，观察抬头情况，再拉到坐位观察宝宝竖头情况。

正常：1个月小儿拉起时头后垂，坐位时头能竖立5秒；2~3个月头轻微后垂，可竖头15秒以上；4个月小儿拉起时头和躯干直线抬起，竖头稳，可左右转头看。

异常：1个月小儿不能竖头；2~4个月小儿拉起时头背屈（明显后垂），不能竖头。

测试三：俯卧位抬头和手支撑

让宝宝俯卧位，在头前方用玩具逗引，观察宝宝抬头和手支撑情况。

正常：1个月小儿头转向一侧；2个月小儿能抬头片刻，下巴离床；3个月小儿抬头超过45°，肘（部）支撑；4个月小儿抬头90°，肘支撑，能左右转头。

异常：2~3个月小儿不能抬头，4个月抬头不稳，不能用肘支撑使胸部离开床面。

测试四：伸手够物

小儿仰卧或抱坐位，眼前吊一玩具，引其伸手够。

正常：3个月小儿有伸手意识，但伸不出；4个月小儿可伸手，但不一定够到玩具，5个月小儿可伸手够到玩具。

异常：4个月没有伸手够物趋向，5个月不会伸手够物。

测试五：翻身

小儿仰卧位（穿薄衣），用玩具逗引其向一侧翻身。

正常：3个月有翻身意识，可翻向侧卧位，4个月可从仰卧翻至俯卧位。

异常：4个月无翻身意识，5个月不能翻至侧卧位，6个月不会从仰卧翻到俯卧位。

测试六：前倾坐

5~6个月不会为异常。

测试七：交往与情绪

面对面与小儿交流，观察其表现。

正常：2个月小儿可有自发性的微笑和发出细小喉音；3个月可以逗笑，发音；4~5个月对周围事物感兴趣，6个月能认出熟悉的人。

异常：3个月面对面逗引不会笑；4个月不会发声；5个月对周围事物无兴趣；6个月表情淡漠，对照顾他的人无特殊反应。

家长按照以上的一些简单测试，如果发现了孩子可疑异常，应及早就医，极早地进行康复治疗，这样效果会非常好。有条件的，最好到一些专门的机构进行一些监测和特殊的训练，家长一定也要积极地参与干预，这样可以达到更好的效果。

在早期综合干预中我们已经讲了一些操作方法，这里主要强调的是早期家长一定要给予感官的强化刺激，要进行视、听训练，除了红球、黑白卡片等玩具外，对没有注视表现的要给予红光刺激。其次，人脸的刺激也非常重要，要经常地与孩子脸对脸的逗笑，用积极的情绪表现和声音引导孩子注视，要逐步增加刺激频率和强度。其他运动能力和动手训练同前。只要家长在家庭中积极干预，对防治智力落后有很好的效果。

早期脑瘫表现和干预方法

脑瘫和其他类型的脑功能障碍是早产儿发育中的主要风险，但家长不要听到“脑瘫”就害怕，脑瘫只要能早期认出、正确干预，多数可康复到基本正常。

（1）婴儿脑瘫最主要的早期表现就是姿势异常。姿势异常中最多见的就是扶持孩子迈步时足跟不着地同时伴有足背屈角的异常。正常有23%的孩子，在3~10个月发育过程中，有扶持迈步时足跟不着地现象，因此，家长发现宝宝有此现象时，应该再做一下足背屈角检查。方法：扶持孩子的腿伸直，用手掌轻压足底向足背方向屈，刚有抵抗时足背和小腿前侧形成的角就是足背屈角，如果大于80° 就是异常的，病理性的足跟不着地，称之为尖足，都伴有足背屈角的异常。

（2）脑瘫孩子出现尖足，主要是因为脑损伤后，小腿后侧肌肉痉挛、小腿前侧肌肉力弱。我们吸收各家方法精华、从实践中总结出对尖足早期最佳的纠正的方法就是“点、推、拉、钩”的手法干预。

- “点”是点压足三里穴，增强小腿前侧肌力，足三里穴在膝关节外下凹陷处下3寸；足三里穴。
- “推”是用医用耦合剂辅助着力于肌肉层，推压小腿后侧发紧的肌群，减轻痉挛、预防挛缩；要从足跟缓慢推压超过腘窝，来回推压数次。
- “拉”是牵拉小腿后侧痉挛的肌群，主要是用向下牵拉根骨的方法，推压前脚的足背屈牵拉常常不利于足弓形成。对婴儿可一手握足跟部，中指向下拉压根骨，食指在足腕部扣紧固定，拇指推压足心后部及根骨前部，牵拉保持20~30秒。
- “钩”是孩子听懂话后，引导孩子主动做足背屈钩脚动作。

“点、推、拉、钩”在孩子觉醒时宜每1小时进行1~2次，每次约5分钟，可穿插在康复训练、和孩子嬉戏说话中。

（3）孩子拇指内收：握在掌心或3个月后手仍持续握拳，也是常见的姿势异常。对这个异常姿势的纠正方法就是每天多次轻轻叩击手背及拇指外侧，促手指张开，同时推压按摩掌指，牵拉拇指外展；孩子觉醒时可用手握粗柄玩具促拇指外展，睡眠时可用矫正指套或手绢固定拇指在外展位等。

（4）脑瘫早期的姿势异常还有四肢僵硬，就是全身或一侧或一个肢体活动特别少及四肢僵硬，如换尿布双腿不易分不开等。对换尿布双腿不易分不开孩子，要利用每次换尿布的机会，做几个分腿牵拉的动作，稍大后还可骑跨抱位牵拉。

早产等高危儿，出现脑瘫倾向就予以正确的干预，效果是非常好的。我们统计近年50例已诊断脑瘫、出生6个月前开始单纯手法干预，至1岁半80%基本正常。

有脑瘫倾向或已诊为脑瘫的孩子家长，让我们共同努力，使我们的孩子多数能回归到正常孩子行列，重症也不留明显的残疾。

第八章 早产儿的随访

随着新生儿学科的迅速发展，早产儿的存活率不断提高，但随之而来的小儿脑瘫、视听障碍等伤残问题日益严重。据统计，我国每年有30万残疾儿童，其中小儿脑瘫发病率为1.8‰~4‰，早产儿视网膜病占儿童致盲的5‰~8‰。早产儿随访是NICU内容的进一步扩展，做好早产儿出院后的定期随访，全方位早期发现孩子的异常发育情况，及时进行早期干预、治疗，对减少早产儿各种后遗症的发生率具有重要意义。

第一节　随访内容

随访的内容包括:

1. 体格发育

宫内或新生儿生长迟缓发生在50%的极低出生体重儿（VLBW）中。随着疾病治愈和最佳营养提供，在后期可发生追赶生长。50%的小于胎龄儿（SGA）极低出生体重儿出生时头围低于正常，20%的适于胎龄儿（AGA）极低出生体重儿在新生儿期有脑的生长迟缓。脑的追赶生长可发生在纠正胎龄6~12个月时，然而有10%的AGA VLBW儿和25%的SGA VLBW儿在2~3岁时仍有低于正常的头围并持续到学龄期。宫内和新生儿脑的生长迟缓和缺乏后期的脑追赶生长可能影响认知功能。

2. 神经发育

（1）暂时性的神经学问题：暂时性神经学异常发生在40%~80%的高危新生儿中，包括肌张力异常如张力低下或张力增高，表现为受孕龄40周时头部控制差、4~8个月时背部支撑差或上/下肢肌张力的轻度增高。由于在生后头3个月中通常可存在某种程度的生理性肌张力增高，要和脑瘫早期的强直状态鉴别是困难的。然而，在头3~4个月中的强直性状态是预后不良的征兆，原始反射的持续也可能是脑瘫（CP）的早期体征。尽管在8个月时持续轻度张力异常通常在第二年改善，它可能提示以后有轻微的神经功能障碍，如认知、行为障碍等。

（2）严重神经学后遗症：严重神经学后遗症通常在10%的高危新生儿的第一年后期被诊断，包括脑瘫（痉挛性双侧瘫、四肢瘫、半身瘫或软瘫），脑积水，惊厥，盲、聋。这些儿童的智力根据神经学的诊断而不同，如痉挛性四肢瘫者常有严重的精神发育迟缓，而痉挛性双侧瘫和半身瘫的儿童可能有较好的智力。

3. 视觉问题

早产儿婴儿视网膜病变（ROP）主要发生在极小的早产儿中。由于视网膜血管发育不成熟，在吸高浓度氧等各种因素的影响下，视网膜周边血管停止生长，新生血管形成并长入玻璃体内，部分患儿病情继续发展，新血管有机化膜形成，引起视网膜变性、破孔或剥离。ROP病变可分5期，若在第3期进行冷凝或激光治疗，还可维持视力0.7~0.8。因此，对<1500g或<28周的新生儿应在4~6周或最晚在纠正胎龄33周时开始筛查，每2周一次，直至正常，或ROP进展到3期ROP（域值病变）。

4. 听力筛查

正常新生儿双侧听力障碍的发生率约0.1%~0.3%，其中重度至极重度听力障碍的发生率约为0.1%；在NICU的新生儿听力障碍发生率高达22.6%，其中中重度以上者为1%。正常的听力是语言学习的前提，严重听力障碍的儿童由于缺乏语言刺激和环境的影响，在语言发育最重要的关键期内不能建立正常的语言学习，最终将导致聋哑，轻者导致语言和言语障碍、社会适应能力低下、注意力缺陷和学习困难等心理行为问题。因此如果能在新生儿期或婴儿早期及时发现听力障碍，帮助其建立必要的语言刺激环境，则可使语言发育不受或少受损害。

第二节　随访的时间

不同年龄的早产儿有不同的随访时间。

（1）开始随访的时间应在出院后7~10天，评估新生儿疾病恢复情况。

（2）纠正年龄4个月左右，证实有无追赶生长和需要早期干预的神经学异常。

（3）纠正年龄8~12个月，证实是否存在脑瘫或其他神经学异常的可能性。也是第一次进行智力发育评估的时间，因为此时孩子尚不怕生和比较合作。

（4）纠正年龄18~24个月，可作出儿童最终生长发育和智力发育的预测。

（5）纠正年龄36个月，可进行认知和语言功能更好的评估，进一步确认孩子的智力。

（6）从纠正年龄4岁开始，更多的细微的神经学、视觉和行为困难可被测出。

（7）眼科检查应当在所有的高危新生儿中进行。眼底检查每2周一次，直至正常。

（8）听力应在NICU出院前筛查。听力在NICU出院前筛查，在12个月时复查。

第三节　测试的方法

1. 新生儿行为能力测定方法（NBNA）

NBNA是由鲍秀兰教授吸取美国布雷寿顿新生儿行为估价评分和法国阿米尔–梯桑（Amiel-Tison）神经运动测定方法的优点，结合自己的经验建立的我国新生儿20项行为神经测查方法。20项行为神经测查分为5个部分：即行为能力（6项）、被动肌张力（4项）、主动肌张力（4项）、原始反射（3项）、一般估价（3项）。每项评分为三个分度，即0分、1分和2分，满分为40分，35分以下为异常。

2. Amiel-Tison神经运动测定法

Amiel-Tison神经运动测定法是Amiel-Tison根据第一年中的肌张力的变化建立的一种在婴儿纠正年龄40周后进行的简单的神经功能检查。Amiel-Tison的检查方法可随访主动肌张力的进行性增加（头部控制，背部支撑、坐、立、走），和被动肌张力同时降低，也可检查视觉、听觉反应和某些原始反射。

3. CDCC婴幼儿智能发育测试

CDCC婴幼儿智能发育测试是我国由中国科学院心理研究所和中国儿童发展中心牵头，并得到联合国儿童基金会的支持，在全国六大行政区，12个大、中、小城市，20个协作单位进行的全国范围的取样工作，于1988年完成的具有中国特色的0~3岁婴幼儿发育量表，包括智力量表和运动量表两个部分。

第九章
父母的护理误区

第一节　宝宝护理的常见误区

误区1：擦去胎脂才能保持清洁

新生儿的胎脂有保护皮肤、防止细菌感染及保温的作用。除胎脂较厚，皮肤皱褶多的大腿根、腋下及脖子等处，可以略加擦拭，以防胎脂分解成脂肪酸刺激局部皮肤而发生糜烂外，其他部位的胎脂就不要擦去了，以保护新生儿的皮肤。

误区2：挤压乳腺可防成人后乳头凹陷

男女新生儿都可于出生3～5天在乳腺部位出现蚕豆至鸽蛋大小的肿块，若强力挤出，尚可挤出点乳汁。对于这种现象，有的家长尤其是老人，根据传统说法要对女婴的奶头挤一挤，否则女孩子成人后奶头会凹陷或奶腺管不通等。这种说法和做法是错误的。因为这是孕妇雌激素对胎儿影响中断所致，多于生后2～3周消退，若强挤会使细菌侵入乳腺引起发炎，甚至化脓，严重的可导致败血症。因此，不能给新生儿挤奶头或乳房。

误区3：包“蜡烛包”预防“O”形腿

许多家长都把新生儿用包布或棉被包得严严的，捆得紧紧的。家长们之所以这样做，主要是怕孩子长成“X”形或“O”形腿，其实这种做法是不科学的。把新生儿捆起来，使其失去自由活动的能力，不利于孩子的呼吸和活动，妨碍包裹内湿热的消散，影响神经系统的正常发育。胎儿呈弯曲的、椭圆形的球体形，出生后，他仍保持这种屈曲状态，这是新生儿正常的生理现象，没有必要加以纠正。

误区4：“马牙、板牙”必须挑破擦掉

新生儿出生后不久，在其口腔中牙龈部可见散在的、淡黄色的微隆起的米粒大小的颗粒，此系上皮细胞堆积所致“马牙”。有时见白色斑块，隐约见于齿龈黏膜下，此为黏液腺潴留肿胀所致，通常称为“板牙”。它们在出生后数月内自行消失，不必处理。但有些母亲以为是病，甚至用针挑，这是很危险的。因为孩子口腔黏膜比较柔嫩，唾液分泌又少，容易损伤而引起感染，甚至败血症。因此，千万不可挑“马牙、板牙”。

误区5：囟门碰不得洗不得

长期不清洗囟门会导致某些病原微生物寄生引起头皮感染，继而病原菌穿透没有骨结构的囟门而发生脑膜炎、脑炎。囟门的清洗可在洗澡时进行，可用小儿专用洗发液，清洗时手指应平置在囟门处轻轻地揉洗。

误区6：剃“满月头”有利头发生长

很多妈妈习惯在宝宝满月时，给宝宝剃个“满月头”。而且认为剃得越短，刮得越干净，以后头发就长得越好越黑。其实宝宝的发质与遗传、营养、养护有关，与是否剃“满月头”并无多少关系。而且刚满月的宝宝头皮非常娇嫩，血管也非常丰富。剃头时，宝宝往往又不太配合，如果一不小心剃伤了头皮，就会造成感染。所以满月时，最好是用剪刀给宝宝剪头发，相对更安全。而如果宝宝本身头发并不多的话，“满月头”不剪也没关系。

误区7：用闪光灯给宝宝拍照

宝宝出生后，父母都想拍些照片作为永久纪念。由于产房或室内光线较弱，影响拍摄效果，便很习惯于借助闪光灯来提高照明度。然而新生儿的眼球尚未发育成熟，强烈的光束会损害他们的眼睛。如果用闪光灯对准他们拍照，闪光灯闪光的一刹那，哪怕是五百万分之一秒的闪光灯的光束也会损伤其视网膜。因此，在为小于6个月的宝宝拍照时，一定要采用自然光，不能用闪光灯。

误区8：刻意营造一个安静的环境

保持安静，避免宝宝长时间的哭闹确实十分重要。但强调安静并不是说产房或坐月子的居室必须保持寂静无声。其实，宝宝对一般的声音还是很有适应能力的，房间内有人说话或放些轻柔的音乐都不会影响他。如果你过于小心，强调寂静无声，宝宝睡觉时你连说话都不敢，最终你或许培养了一个对声音过度敏感、神经质的宝宝。

误区9：宝宝一打喷嚏就以为是感冒了

新生儿偶尔打喷嚏并不是感冒的现象，因为新生儿鼻腔血液的运行较旺盛，鼻腔小且短，若有外界的微小物质如棉絮、绒毛或尘埃等便会刺激鼻黏膜引起打喷嚏，这也可以说是宝宝代替用手自行清理鼻腔的一种方式。除非宝宝已经流鼻水了，否则妈妈可以不用担心，也不用让宝宝动辄上医院。

第二节 关于母乳喂养的常见误区

误区1：初乳没营养可丢弃

初乳是指产后12小时以内分泌的乳汁，因初乳颜色太黄，比较清淡，所以有的人认为“初乳”是“坏乳”而白白挤掉，甚为可惜。因为初乳营养价值很高，含有丰富的蛋白质、脂肪、乳糖、矿物质，同时还含有大量的分泌型免疫球蛋白，它能杀死很多常见的病毒。产后开奶时间越早，乳汁分泌越好；吸吮越勤越早，产乳越多。

误区2：正常溢乳误为呕吐

新生儿胃贲门括约肌松弛，幽门括约肌相对较紧张，胃容量小（约为30～60ml），胃呈水平位，故易发生溢乳。喂奶后应将其竖起，轻拍后背，排出咽下的空气，然后取右侧卧位，枕头高3～4cm即可。少量溢乳属正常现象，不应按呕吐治疗。

误区3：宝宝一哭就喂

宝宝哭闹的原因不一定饿了，肚子不舒服、感觉累了、尿布湿了、想睡觉了或者想被抱抱等情况下宝宝也会哭闹。所以不能宝宝一哭就喂，要注意观察，区别对待，否则很容易因过度喂养成为肥胖儿。最好是在一次喂饱的基础上帮助宝宝形成一定规律，比如母乳喂养，宝宝吃饱了一般2~3小时后才会饥饿。需要注意的是，不能一味机械性地强调按时喂养，有可能让宝宝不能及时获得营养而出现低血糖。其实，针对宝宝的生理特点，按需喂养才能真正满足他的需求。按需喂养不仅能随时为他补充营养，促进他的身体发育，还能促进妈妈乳汁源源不断地分泌。

误区4：母乳喂养会使身材走样、乳房下垂

现代女性在生育后，大都急切希望能恢复昔日苗条的身材，有不少新妈妈甚至因此在生育后拒绝给宝宝哺乳，理由是怕出现乳房下垂、身材走样等问题。其实，造成身材走样并非母乳喂养所造成，大量补充营养才是造成身材走形的主因。而母乳喂养有促进母亲形体恢复的作用，若能坚持母乳喂养，可把多余的营养提供给宝宝，保持母体供需平衡，并且宝宝的吸吮过程反射性地促进母亲催产素的分泌，促进母亲子宫的收缩，能使产后子宫早日恢复，有利于消耗掉孕期体内蓄积的多余脂肪。

误区5：配方奶粉营养成分高，不比母乳喂养差

这是最大的误区，母乳是新生儿理想的天然食品，有其他乳制品无法替代的优势。具体地说，母乳营养丰富，蛋白质、脂肪、糖比例适宜（1：3：6）适合新生儿生长发育需要。钙、磷比例适宜（2：1），易于吸收。含微量元素很多，铁含量虽与牛乳相同，但吸收率却高于牛乳5倍。同时，哺乳还能增进母婴感情，促进母婴间的精神接触和情感交流，有利于小儿的心理和社会适应性的发育。此外，新生儿吃奶粉容易造成便秘，而母乳则很少出现这个问题。

误区6：乳房排空了，乳汁就会越产越少

很多新妈妈认为，乳房排空了，乳汁就会越产越少，其实这种观点是错误的。充分排空乳房，会有效刺激泌乳素大量分泌，可以产生更多的乳汁。如果妈妈不能哺乳时，一定要将乳房内的乳汁挤出、排空。每天排空的次数为6～8次或更多些。只有将乳房内的乳汁排空，日后才能继续正常地分泌乳汁。

误区7：母乳喂养的宝宝也需要特别补钙

很多地方的医院，让婴儿出生后半个月就开始补钙，这是没有科学道理的。我们知道，地球上的生物都是依照地球的元素进化发展的，人类作为最高级的生物，绝对不会拿着地球上没有的元素作为必须元素，也不会拿着自然状态下无法满足的元素，作为自身大量需要的元素，因此，全社会都缺钙，实际上肯定是错误的，因为全社会的人，包括了大多数健康的人，健康的人几乎都无一例外的缺钙，只能说明我们身体内血钙的正常值被定高了。

钙在地球上是排名第五的元素，江河湖海中的带壳动物的壳，最主要的元素就是钙；家中水壶中的水垢，最主要的成分也是碳酸钙、硫酸钙、硅酸钙等含钙化合物，地球上到处都不缺钙。身体内的钙元素是常量元素，常量元素也就是含量大于0.01％的元素，在身体内，钙元素同样是排名第五，只要正常饮食，身体内的常量元素是几乎不会缺乏的。

婴幼儿的钙过量，轻微的会引起宝宝食欲下降、发热、出汗增多、恶心、消瘦、便秘等症状，中重度的就会引起尿路结石，引起囟门早期闭合，形成小头畸形，影响大脑发育；引起骨骺的早期闭合，影响未来身高；引起鬼脸综合征，也就是长得非常难看的面孔；引起心、肝、肺、肾、脑等重要脏器的异常钙化，影响重要脏器的功能等。

目前，临床上很少能看到真正缺钙、鸡胸的宝宝，但是补钙过多的很常见。对此，妈妈们给宝宝要慎重补钙。其实，只要宝宝正常饮食，如果担心缺钙，就多参加户外的阳光下活动，宝宝就不用补钙。

同时宝宝不用特意加补的还有鱼肝油。鱼肝油中主要成分是维生素A和维生素D。同钙元素一样，宝宝不需要特别的补充，相反的，补充过多，会引起宝宝囟门早期闭合，尤其是在小宝宝出生后半岁之内如果已经闭合，往往影响今后头围的生长，可能造成小头畸形、颅骨发育异常，并影响智力的发育。

误区8：配方奶泡得浓一点会更有营养

宝宝虽有一定的消化能力，但奶粉不宜过浓或过淡。调配过浓的奶会增加他消化的负担，易使婴儿血钠浓度升高，引起诸如便秘、血压上升甚至抽搐、昏迷等症状。所以须加以稀释。具体方法是，将奶粉按重量以1∶8，按容量为1∶4的比例稀释，则得到的为全奶成分。待温度适宜即可喂哺。

误区9：过早添加辅食

起码等到6个月后再添加辅食。母乳是婴儿最完美的天然营养品和饮料，可提供宝宝所需的全部营养，其中包括水和大部分维生素。所以，对4个月以内的、纯母乳喂养的宝宝，不必另外加水和其他饮料。

误区10：过早喂鸡蛋羹

蛋清和薄膜含有致敏物质，宝宝过早食用，容易引起过敏性疾病，如湿疹、荨麻疹等。患有奶癣和尿布疹的宝宝，食用鸡蛋羹后，会使症状反复和加重。

误区11：用奶瓶喂固体食物

不少父母喂食怕麻烦，或者担心宝宝吃得太少，把米粉等固体食物灌软奶瓶里来喂宝宝。这可能会增加宝宝的食量，导致体重过重，同时使宝宝失去了练习咀嚼的机会。应当用小勺喂固体食物。其实，宝宝吃固体食物的一个重要目的——让宝宝了解进食的过程。

第三节　关于睡眠的常见误区

误区1：抱着哄宝宝睡觉

宝宝的降生给家庭带来许多欢乐，妈妈总是爱不释手，只要宝宝哭就抱在怀里哄，尤其在晚上，常常抱着宝宝睡熟后才把他放在床上，以为这样宝宝会睡得更好。其实抱着睡觉限制了宝宝睡眠时的自由活动，宝宝难以舒展身体，影响正常的血液循环。而且抱着睡觉，宝宝的呼吸也会受到影响，另外，大人呼出的废气对宝宝的健康影响也很大。而且，当宝宝夜间醒来，父母如果不能及时给予相应的安慰，他很难再自己入睡，这对培养宝宝独立入睡的习惯都会造成不良影响。建议你从现在开始，慢慢让宝宝在婴儿床上睡觉，逐步培养独立入睡的能力。

误区2：无视宝宝日夜颠倒

大多数新生儿白天呼呼入睡，晚上倒是精神十足。这种情况往往出现在宝宝出生3个月内，这段时间宝宝在努力适应这个纷繁复杂的世界。比起在妈妈肚子里的安稳日子，可想而知，宝宝要适应的变化有多大。我们当然要允许宝宝有个适应过程，而日夜颠倒就是其中的一个过程。但对于宝宝的日夜颠倒，父母还是要引导并逐渐矫正才行。这对大人和宝宝都是有利的。

误区3：打呼噜说明宝宝睡得香

宝宝偶尔打鼾可能是由感冒引起的，感冒痊愈后，打鼾的症状就会消失。但如果宝宝经常打鼾，可能是由于腺样体肥大、扁桃体肥大或其他原因，影响了鼻咽部通气造成的。这时，在醒着的情况下，有些宝宝也会出现鼻塞、张口呼吸的现象。时间长了，对宝宝的脑发育会造成一定的危害。如果你的宝宝的确有睡眠打鼾、张口呼吸的情况，最好带他到医院的耳鼻喉科检查一下。

误区4：怕宝宝着凉，睡觉时多穿衣服

宝宝睡觉不宜穿太多，被子里湿度较高，加上宝宝代谢旺盛，容易诱发“捂热综合征”，可致宝宝大汗淋漓，甚至发生虚脱。同样，用电热毯也容易因为温度过高引起轻度脱水而影响健康。

误区5：冬天睡在密闭房间里不会感冒

紧闭的房间空气浑浊，特别是大人和宝宝共处一室时，二氧化碳的含量很高，而氧气含量很低，在这种环境中宝宝容易反复地发生呼吸道感染。其实开窗睡觉实际上是一种空气浴，对宝宝有利无害。当然，开窗通风要注意避免对流风，不要让风直接吹到宝宝身上。

误区6：给宝宝使用电褥子

给宝宝铺上电褥子的做法非常危险。电褥子的温度一般不能自动控制，刚出生的小宝宝又无法及时反映自己的感受，如果妈妈一旦忘记关电源，温度持续升高、保暖过度对宝宝的安全和健康都会带来不利的影响。给宝宝保暖的正确方法是调节室温，可在床上再铺些棉褥，整个小空间提高温度要比局部高温安全得多，而且也会使宝宝感到舒服。

第四节　关于宝宝腹泻的护理误区

腹泻是小儿常见病之一，尤其到了夏秋两季，更是腹泻的高峰期，婴儿腹泻就只能是坐以待毙无法预防吗？有些父母对腹泻的认识也存在误区，让我们一起来看看新生儿腹泻的误区吧。

误区1：宝宝高热急死人，拉稀跑肚小毛病

医学观察：父母可不要小瞧这几泡稀，其中含有大量的电解质和水分，而电解质是维系人体血浆容量必不可少的，是维持体内酸碱平衡的物质基础，水对人体的作用就更重要了，婴幼儿严重脱水可导致生命危险。相反，高热是婴幼儿对抗疾病的一种机制，并没有父母想像的那样可怕。

误区2：治疗腹泻，最重要的是吃药打针

医学观察：因为宝宝肠道环境受到侵害，药物并不是最重要的，更不是唯一的治疗方法。口服补液、食物疗法、精心的饮食护理在腹泻病的治疗中有着举足轻重的作用。尤其是有些药物对此时的肠道来说难以吸收，而打针输液药物有效成分作用到肠胃并不理想。总而言之，药物治疗腹泻不是最主要的，所以父母的家庭和饮食护理最重要。

误区3：宝宝一拉稀，父母就立即自行给药

医学观察：有些父母一看到孩子腹泻，马上会使用药物，这些药物是上次腹泻时没有吃完的药物或是根据自己的经验和药店的推荐自行购药等。不恰当的医药处理导致频繁更换药物和人为的药物耐受。事实上，每一次腹泻的病因、症状、治疗方法都可能不同，父母是没有能力总结和辨别的，请在医生指导下用药。而且，不要仅仅盯住止泻药，换了一种又一种，白白花钱，孩子受罪。泻是结果，不是病因，所以应治本，不是仅仅止泻。

误区4：拉稀是病从口入，限制饮食就天经地义了

医学观察：婴幼儿腹泻不提倡限制食量，更不能限制饮水。婴幼儿正处于身体和大脑的快速生长阶段，腹泻的孩子已经丢失了养分，再禁食禁水岂不是雪上加霜。许多腹泻孩子往往由于处理不当，导致“饥饿性腹泻”的发生，腹泻就是这样造成迁延的。

误区5：习惯叫肠炎，既然有“炎”就应该吃抗生素

医学观察：乱用抗生素治疗腹泻是导致治疗失败的主要原因。婴儿肠道内非致病菌群数目少，还没有建立正常的菌群系统，肠道内环境不稳定，容易被外界因素破坏，一旦内环境遭到破坏，不易恢复。所以，只有经医生确诊为细菌感染性腹泻才需要抗生素，且必须在医生指导下使用。

误区6：宝宝拉稀，就一定是病了

医学观察：婴幼儿，尤其是小婴儿，非“病”的腹泻现象是不少见的。如：母乳喂养的婴儿大便次数多，也比较稀，这不是腹泻。若乳母的饮食有所改变，比如吃了凉的或油腻的食品等，或母亲外出回来后马上给孩子喂奶，这样那样的原因可导致孩子的大便出现改变，不要马上就认为孩子腹泻了，立刻就吃药、打针，要等一等，看一看，是否由母乳造成的，或许拉一两次就很快好转了。此外，在添加辅食过程中，婴儿的大便可能变得发稀、发绿，有奶瓣，次数偏多，这不是腹泻病，可能是对新的辅食不适应。减少辅食量或停止添加，会很快好转的。

误区7：腹泻病治疗都是一样的

医学观察：引起婴幼儿腹泻的原因有很多，细菌感染性腹泻，其中最具代表性的是细菌性痢疾；病毒感染性腹泻，其中最具代表性的秋季腹泻。广义的婴幼儿腹泻病还包括：饥饿性腹泻、消化不良性腹泻、乳糖不耐受性腹泻以及肠道易激惹综合征等。它们都各自有不同的治疗方法，家长们可不要混淆了哦！

夏季腹泻种类有很多，千万不可认为只是受凉所致，当宝宝出现腹泻症状时应及早去医院就诊，也希望这些有关腹泻的护理误区对新爸爸、新妈妈有一定的帮助。当宝宝出现腹泻时，不要慌张，切不可自行随便用药，宝宝的体制未发育完全，很多药物无法像成年人一样代谢，会加重肝脏负担或者造成严重的药物中毒，或者是随便使用抗炎药物，造成宝宝的肠道菌群失调等严重问题的产生，家长应及时带宝宝到专业的儿童医院就诊以得到及时的治疗。

第五节 处理宝宝伤口的常见误区

虽然对于一些小的伤口，一块可爱的胶布和几句安慰的话就能够抚慰宝宝，但有时对于这些小伤口作为爸爸妈妈的你来说是绝对不能忽视的，你需要了解一些基本的知识处理宝宝的伤口使其加快愈合。

误区1：使用过氧化氢（双氧水）来清洁伤口

实际上双氧水可能对于伤口的一些愈合细胞来说是有毒性的。许多父母可能会觉得双氧水在伤口表面的泡泡是在清洁宝宝的伤口，但实际上这对于宝宝的皮肤来说是有害的。如果要清洁宝宝的伤口的话最好使用纯净水或者到药房买一些含盐类的消毒药水。

误区2：伤口流脓表明它出现炎症

事实上在伤口结痂之前，伤口渗出一些黄色的脓汁是正常的，这表明了身体正在尽量让伤口表面形成一层痂从而保护伤口。但是如果伤口的痂形成以后，还是有脓汁渗出的话就要注意了，这可能就是炎症的症状了。

误区3：伤口应该暴露在空气中

在伤口或者痂上面使用绷带包裹的话有助于保持其清洁。同时还能够防止宝宝用手指把痂块都抓下来，从而手接触到伤口从而引起炎症等，专家还建议家长最好能够每天更换一次绷带。

误区4：伤口如果痒的话，表明伤口在愈合

虽然伤口周围的皮肤开始聚合的话皮肤会有点痒，但伤口周围皮肤的痒也可能是由于对药膏的过敏或者细菌引起的发炎引起的。

误区5：把绷带撕下的时候最好动作要快

如果将伤口上的胶布撕下过快的话可能会引起伤口的再次撕裂，正确的做法是慢慢地将胶布顺着毛发生长的方向撕下来，如果胶布很难撕下来的话，可以尝试用酒精或者灭菌注射水在胶布的周围轻拍，令黏合物有所松散。

误区6：有些伤口需要很长的时间愈合

大部分的伤口基本能够在2周内愈合，一些脸上的伤口能够在5天内就愈合，但如果流脓并且出现肿胀的伤口的话，就需要找医生咨询一下。

虽然对于一些小的伤口，一块可爱的胶布和几句安慰的话就能够抚慰宝宝，但有时对于这些小伤口作为爸爸妈妈的你来说是绝对不能忽视的，你需要了解一些基本的知识处理宝宝的伤口使其加快愈合。

第六节　关于喂药的常见误区

误区1：捏住宝宝的鼻子强行喂药

造成后果：宝宝容易将药物呛入呼吸道而窒息。

挽救措施：一旦发生这种情况，应当立即双手环抱宝宝腹部，使之背紧贴你的腹部，用力挤压腹部，同时使之弯腰，反复几次，以期排除气道内异物。如果无效，立即送医院。

误区2：给宝宝干吞药片

造成后果：干吞药片容易使药片停留在消化道而损害消化道黏膜。

挽救措施：喂药时一旦发生呛咳，应立即使宝宝的头略低并偏向一侧，同时用空心掌叩打背部，防止吸入肺内。

误区3：没有依照指示在吃药前摇匀糖浆药剂或者任意用饮料服药

造成后果：一些糖浆类的药物是把各种成分混合在一起，放一段时间药物会沉淀，不摇均会导致药水的上2/3浓度低，而下1/3浓度高，服药达不到有效作用。这一点对于混悬液制剂［如多潘立酮（吗叮林）混悬液］尤为重要。此外，有的家长会错误的让宝宝用饮料服药。果汁中含有酸性物质，可使许多药物提前分解，或使糖衣提前溶化，不利于胃肠吸收，某些碱性药物更不能与果汁同时服用，因为酸碱中和会使药性大减。有的家长用牛奶给宝宝服药，牛奶中含蛋白质、脂肪酸多，可在药片周围形成薄膜将药物包裹起来，影响机体对药物的吸收，同时，牛奶及其制品中含有较多的钙、磷酸盐等，这些物质可与某些药物生成难溶性盐类，影响疗效。

正确的做法：糖浆类的药物在应用前一定要摇均，后倒入量杯里，按照具体的毫升数让宝宝服下。干糖浆和冲剂服药尽量用温开水送服。

误区4：喂药时欺骗宝宝说药物味道就像糖果一样

造成后果：宝宝会误以为药和糖是一个概念，误以为药是糖而乱吃。

正确做法：你应该教育宝宝要遵守服药的规定，就像教育宝宝不得玩火一样，让宝宝记住“只有在父母的许可的情况下才能吃药。”如果对宝宝说一种药的口味“不错”并非不可，但是要提醒宝宝只能服用大人给他的药品，同时将所有的药品放在孩子无法拿到的地方。

误区5：父母根据自己的经验盲目用药及滥用抗生素

造成后果：90%以上的婴幼儿常见的感冒是由病毒引起的，由细菌引起的感冒只有10%左右。很多时候一些小毛病，如喉咙不舒服、流鼻涕、轻微咳嗽之类仅是普通的感冒，只需要多休息、多喝水及口服维生素C就会很快痊愈。很多抗感冒药只是治标不治本，并且是药都会有不良反应的，父母切不可胡乱给宝宝吃药。尤其是抗生素，有些父母单纯地认为抗生素就是消炎药，也有些家长唯恐孩子生病，只要稍有不适便给其服药，名曰“预防”，殊不知过多地应用抗生素非但起不到作用，有可能还发生损害。使用链霉素、新霉素、庆大霉素、卡那霉素等抗生素，会对宝宝的听神经造成影响，引起眩晕、耳鸣，甚至耳聋；喹诺酮类药物会影响软骨的发育；氯霉素可能引起灰婴综合征、粒细胞减少症、再生障碍性贫血；四环素、土霉素容易引起牙齿变黄，并使牙釉质发育不良。

正确做法：在医生的指导下服用抗生素。

误区6：任意加大或减小药量

造成后果：家长是宝宝用药的执行者，有些家长求愈心切，认为加大用药剂量能使病症早日痊愈，便盲目给宝宝加大服药剂量，也有些家长给宝宝重复用药或同时用多种药物。其实，服用药物的剂量越大，其不良反应也越大，甚至会导致宝宝发生急性或蓄积性药物中毒；有些家长则过于谨慎，害怕宝宝服药后出现不良反应，便随意减少服药剂量。殊不知，药物剂量过小，在人体内达不到有效浓度，就不可能发挥最佳疗效。还有些家长给宝宝服药随意性很大，想起就服，忘了也无所谓，结果不但治病效果欠佳，而且还容易引起细菌产生耐药性和抗药性。还有些家长在给宝宝治病时耐不住性子，一种药物才用几天，甚至几次，因见不到明显效果，便认为该药效果不好，于是频繁更换药物，其实，频繁更换药物不仅难以获得应有的效果，而且还会使机体产生耐药性和不良反应，使治疗更趋复杂化。

正确做法：一定要按照医嘱服药。

误区7：滥用成人药物

造成后果：大多数的成人用药都不能用于小儿的。有的父母认为：宝宝就是比成人的体重小，成人吃的药只要减量就行了，这是不对的。凡药三分毒，婴幼儿的肝脏解毒功能弱，肾脏的排毒功能也差。成人身上的轻微不良反应对于肝肾功能尚不成熟的婴幼儿来说可能就是严重的不良反应了。

正确做法：一定要给宝宝服用小儿专用药物。

误区8：盲目应用退热药

造成后果：婴幼儿最常见的症状就是发热，所以退热药的应用时机是很重要的。婴儿退热药中的有效药物浓度比孩童配方来得高，有些药物婴儿服用的量超过孩童配方的3倍之多。这样做的原因是婴儿对药物的吸收力相对较小，并且更容易将药吐出来。

正确做法：仔细阅读药瓶、药盒上所有的标贴指示，特别注意是“婴儿配方”还是“儿童配方”。

温情提醒：新生儿慎用退热药。新生儿及婴儿比较容易发热，这是因为新生儿和婴儿体温调节功能不完善，保暖、出汗、散热功能都较差。当生病、环境温度改变或喂水不足时，都会引起发热，如果此时随便服用退热药，往往会招来大祸。有的新生儿在误服退热药后，会出现体温突然下降，脱水，皮肤青紫，严重者还可出现便血、吐血、脐部出血、颅内出血等，甚至会因抢救不及时而死亡。因此，退热药（如阿司匹林、小儿退热片、APC等）是新生儿的禁用药。

正确的做法：处理新生儿发热的最好办法是物理降温退热，如打开包被暴露肢体、用浓度不超过30%的酒精擦洗颈部及肘窝、腘窝等大血管部位、枕冷水袋等。应注意的是，体温一旦下降应立即停止降温，否则将导致体温不升。此外，婴幼儿的发热，如果不超过38.5℃，即往又无惊厥史的，可多喝水或者物理降温。超过39℃或者防止惊厥时才能吃对乙酰氨基酚（扑热息痛）或者布洛芬。

误区9：过长时间吃药

造成后果：有可能延误有效的治疗期或者使疾病恶化。

正确做法：吃某些药已两三天还未见好转，便应该不要再吃了，很可能宝宝的病症非表面看来那么简单，须尽快带他去看医生。

误区10：擅自分享处方药

误因分析：如果你家宝宝上个月用剩了一些眼药水，现在邻家的小弟弟也得了同样的眼病，为什么不可以用那瓶剩下的眼药水呢？首先在上次使用时，药水的滴管可能已受到了污染；其次药物有可能过期了；另外，看上去症状相同的病情却可能是由不同的原因引起的。

正确做法：即使同一个宝宝得了和先前完全相同的病，在给宝宝使用相同的处方药之前，也要请医生检查，告诉医生你手头现有的药品，让他来作判断。

第七节　关于接种免疫的常见误区

误区1：只要做好计划内免疫就足够了

国家纳入计划免疫、有统一免疫规程的疫苗只有7种，即卡介苗、脊髓灰质炎疫苗、“白百破”三联疫苗、麻疹疫苗、乙肝疫苗、流脑和乙脑疫苗，这7种疫苗儿童必须普遍接种，费用由政府负担。

其他疫苗，如流感疫苗、肺炎疫苗等，则由人们自己选择接种或不接种，费用一般自己承担。如果当地存在疫情，或者宝宝是需要保护的重点人群，那么接种一下对宝宝的健康有益无害。

误区2：经常注射球蛋白能提高免疫力

有人迷信丙种球蛋白，把它看成是防病的万能药。如果孩子患先天或后天性低丙种球蛋白缺乏症时，经常注射丙种球蛋白是一种治疗的方法。

但球蛋白不能经常注射，它并不能防治百病，而且这些制剂如果处理不当，还会有一些不良反应，如携带乙肝病毒的球蛋白，注射后可导致罹患乙型肝炎；还有的制品如果保存不妥，注射后可能发生过敏反应，甚至危及孩子生命。

误区3：宝宝接种疫苗仍然感染了疾病，疫苗失灵了

全世界已有数以万计的儿童通过接种疫苗，获得脊髓灰质炎、麻疹、白喉等疾病的免疫。保质期内、正规厂家出的疫苗是有效的，这一点毋庸置疑。

严格地说，疫苗对绝大多数人起作用，但对极少数人来讲，他们对疫苗没有任何反应。接种疫苗获得的免疫率为85%以上，不接种疫苗获得的免疫率为零。

附录

附录一　婴儿期智力发育水平对照表

婴儿期智力发育水平对照表

年龄	大运动	精细动作	适应能力	语言	社交行为
1个月	拉着手腕可以坐起，头可竖直片刻	触碰手掌他会紧握拳头	眼球会跟红球过中线，稍有移动即可，听到声音有反应	自己会发出细小声音	眼睛跟踪走动的人
2个月	拉着手腕可以坐起，头可竖直短时（5秒）	俯卧时头可抬离床面，拨浪鼓在手中留握片刻	立刻注意大玩具	能发出a /o/ e等元音	逗引时有反应
3个月	俯卧时可抬头45°，抱直时，头稳	两手可握在一起，拨浪鼓在手中留握30秒钟	眼球跟红球可转180°	笑出声	模样灵敏，见人会笑
4个月	俯卧时可抬头90°，扶腋可站片刻	摇动并注视拨浪鼓	偶尔注意小丸，找到声源	高声叫，咿呀做声	认亲人
5个月	轻拉腕部即可坐起，独坐头身向前倾	抓住近处玩具	拿住一积木，注视另一积木	对人及物发声	见食物兴奋
6个月	俯卧翻身	会撕纸，耙弄到桌上一积木	两手同时拿住两块积木，玩具失落会找	叫名字转头	自喂饼干，会找躲猫猫（手绢挡脸）的人的脸
7个月	独坐自如	耙弄到小丸（直径约0.5cm），自取一积木，再取另一块	积木换手，伸手够远处玩具	发da-da，ma-ma，无所指	对镜有游戏反应，能分辨出生人

续表

年龄	大运动	精细动作	适应能力	语言	社交行为
8个月	双手扶物可站立	拇指与其他手指捏住小丸（直径0.5cm）；手中拿2块积木，并试图取第三块积木（正方形，边长2cm）	持续用手追逐玩具、有意识地摇铃	模仿声音	懂得成人面部表情
9个月	会爬、拉双手会走	拇指、食指捏住小丸	从杯中取出积木（正方形，边长2cm）、积木对敲	会欢迎、再见（手势）	表示不要
10个月	会拉住栏杆站起身、扶住栏杆可以走	拇指、食指动作熟练	拿掉扣住积木的杯子，并玩儿积木；找盒内的东西	模仿发语声	懂得常见物及人名称，会表示
11个月	扶物蹲下取物；独站片刻	打开包积木的纸	积木放入杯中；模仿推玩具小车	有意识地发一个字音	懂得“不”；模仿拍娃娃
12个月	独自站立稳；牵一只手可以走	试把小丸投入小瓶；全掌握笔，留笔道	盖瓶盖	叫妈妈、爸爸有所指；向他/她要东西知道给	穿衣知配合
15个月	独走自如	自发乱画、从瓶中拿到小丸（不能提示“倒出”）	翻书两次、盖上圆盒	会听指示，指出眼耳鼻口手（5个指出3个即可）、说3～5个字（知道意思，“爸妈”除外）	会脱袜子（脱下而非拉下）

续表

年龄	大运动	精细动作	适应能力	语言	社交行为
18个月	扔球无方向	模仿画道道	积木搭高4块、将圆形积木放入圆形空格（型板正面对他）	懂得三个投向（站三个不同方向，向他要东西）、说出10个字（知道意思，“爸妈”除外）	白天会控制大小便
21个月	会脚尖走、扶墙上楼	玻璃丝穿过扣眼	积木搭高7~8块儿、将圆形积木放入圆形空格（型板平面转180°）	回答简单问题、说3~5个字的句子	开口表示个人需要
24个月	双足跳离地面	玻璃丝穿过扣眼并拉住线	一页页翻书；将圆、方、三角准确放入相同形状的空格	说两句以上儿歌、会问“这是什么？”	会说常见物的用途
27个月	独自上楼，独自下楼	模仿画竖道	认识大小；型板随意放置，仍能将圆、方、三角准确放入相同形状的空格	会说8~10个字的句子	会脱单衣或裤子，开始有是非观念
30个月	独脚站2秒	模仿用积木搭桥、穿扣子3~5个	知道1与许多的区别、知道红色	看图说出物体的名称10个	用两个杯子来回倒水不洒
33个月	会立定跳远	模仿画圆	懂得“里”、“外”；积木搭高10块	说出人物性别；连续执行三个命令（擦桌、摇铃、搬凳）	会穿鞋，会解扣子

续表

年龄	大运动	精细动作	适应能力	语言	社交行为
36个月	两脚交替跳	折纸边角整齐（长方形）、模仿画十字	认识2种颜色、懂得“2”	懂得“冷了”“累了”“饿了”；看图说出物体名称14样	会扣扣子
42个月	两脚交替上楼、并足从楼梯末级跳下	模仿画正方形	懂得“5”、说出图形名称（△○□）	会在示范后说出至少一个反义词	会穿上衣
48个月	独脚站5秒	会画人像的3个部位	会拼圆形（4个1/4圆）、正方形（2个正三角）；说出图中缺什么（6个说出2个即可）	知道苹果一刀切开有几块、说出4个反义词	能回答：吃饭前为什么要洗手
54个月	独脚站立10秒、足尖对脚跟向前走2m	能用筷子夹花生米	照图拼椭圆形（4片）、说出图中缺什么（6个说出3个即可）	会数手指，能说出衣服、钟、眼镜的作用（3个说对2个即可）	认识红、黄、绿、蓝4种颜色
60个月	能接球	会画人像的7个部位	看图回答：鸡在水中游，哪儿不对？说出图中缺什么（6个说出5个即可）	会认10以内的数字、能说出2种圆形的东西	能说出桌子、鞋、房子是什么做的

续表

年龄	大运动	精细动作	适应能力	语言	社交行为
66个月	足尖对足跟向后走2m	画人像10个部位	知道左右、会拼长方形（2片直角三角形）	能回答：你姓什么？能回答：为什么要上班？窗户的作用？苹果、香蕉的共同点	能回答：你家住在哪里？（回答到：街名、门牌号）；能回答：2＋3＝？5-2=?
72个月	拍球2下	会拼小人（头、胳膊、身子、腿）、会写自己的名字	能回答：雨下看书对吗？懂得星期几的概念	一年有哪四个季节、什么动物没有脚	你捡到钱包这么办？为什么要走人行横道

附录二 新生儿常用检验值

新生儿常用检验值见附表1~附表11。

附表1 正常血液学检查平均值

测定项目	早产儿		足月儿				
	28周	34周	脐血	第1天	3天	7天	14天
血红蛋白（g/L）	145	150	168	184	178	170	168
血细胞比容（%）	0.45	0.47	0.53	0.58	0.55	0.54	0.52
红细胞（1×10^{12}/L）	4.0	4.4	5.25	5.8	5.6	5.2	5.1
MCV（fl）	120	118	107	108	99	98	96
MCH（pg）	40	38	34	35	33	32.5	32.5
MCHC（%）	0.31	0.32	0.32	0.33	0.33	0.33	0.33
网织红细胞（%）	0.05~0.01	0.03~0.10	0.03~0.07	0.03~0.07	0.01~0.03	0~0.01	0~0.01
血小板（1×10^{9}/L）			290	192	213	248	252

附表2 出生2周内白细胞计数及分类

日龄		白细胞	中性粒细胞（N）			嗜酸粒细胞	嗜碱粒细胞	淋巴细胞	单核细胞
			总数	分叶	杆状				
出生	平均	18.1	11.0	9.4	1.6	0.4	0.1	5.5	1.05
	范围 10^9/L	9.0~30.0	6.0~26.0			0.02~0.85	0~0.64	2.0~11.0	0.4~3.1
	（%）		0.61	0.52	0.09	0.022	0.006	0.31	0.058

续表

日龄		白细胞	中性粒细胞（N）总数	分叶	杆状	嗜酸粒细胞	嗜碱粒细胞	淋巴细胞	单核细胞
7天	平均 10^9/L	12.2	5.5	4.7	0.83	0.5	0.05	5.0	1.1
	范围 10^9/L	5.0～21.0	1.5～10.0			0.07～1.1	0～0.25	2.0～17.0	0.3～2.7
	（%）		0.45	0.39	0.06	0.041	0.004	0.41	0.091
14天	平均 10^9/L	11.4	4.5	3.9	0.63	0.35	0.05	5.5	1.0
	范围 10^9/L	5.0～20.0	1.0～9.5			0.07～1.0	0～0.23	2.0～17.0	0.2～2.4
	（%）		0.4	0.34	0.055	0.031	0.004	0.48	0.088

附表3　新生儿尿常规

尿量	出生几天内为20～40ml/d，1周时约200 ml/d
比重	1.001～1.020
蛋白	8～12mg/24h
管型及白蛋白	出生2～4天可出现
渗透压（mmol/L）	出生时100；24小时后115～232
pH	5～7

附表4　足月儿正常血液化学值

测定项目	脐带血	1～12小时	～24小时	～48小时	～72小时
钠（mmol/L）	147（126～166）	143（124～156）	145（132～159）	148（134～160）	149（139～162）
钾（mmol/L）	7.8（5.6～12）	6.4（5.3～7.3）	6.3（5.3～8.9）	6.0（5.2～7.3）	5.9（5.0～7.0）

续表

测定项目	脐带血	1～12小时	～24小时	～48小时	～72小时
氯（mmol/L）	103（98～110）	100.7（90～111）	103（87～114）	102（92～114）	103（93～112）
钙（mmol/L）	2.32（2.05～2.78）	2.1（1.82～2.3）	1.95（1.73～2.35）	2（1.53～2.48）	1.98（1.48～2.43）
磷（mmol/L）	1.81（1.2～2.62）	1.97（1.13～2.78）	1.84（0.94～2.62）	1.91（0.97～2.81）	1.87（0.90～2.45）
血尿素（mmol/L）	4.84（3.51～6.68）	4.51（1.34～4.01）	5.51（1.50～10.52）	5.34（2.17～12.86）	5.18（2.17～11.36）
总蛋白质（g/L）	61（48～73）	66（56～85）	66（58～82）	69（59～82）	72（60～85）
血糖（mmol/L）	4.09（2.52～5.38）	3.53（2.24～5.43）	3.53（2.35～5.82）	3.14（1.68～5.10）	3.30（2.24～5.04）
乳酸（mmol/L）	2.16（1.22～3.33）	1.62（1.22～2.66）	1.55（1.11～2.55）	1.59（1.00～2.44）	1.50（0.78～2.33）

附表5　低出生体重儿正常血液化学值（第一天，毛细血管组）

测定项目	体重（g）			
	＜1000	1001～1500	1501～2000	2001～2500
钠（mmol/L）	138	133	135	134
钾（mmol/L）	6.4	6.0	5.4	5.6
氯（mmol/L）	100	101	105	104
总CO_2（mmol/L）	19	20	20	20
血尿素（mmol/L）	7.9	7.5	5.7	5.7
总蛋白质（g/L）	48	48	52	53

附表6　血清酶值

项目	单位	正常值
肌酸激酶（CPK）	nmol.S^{-1}/L（U/L）	早产儿：616.79～1782.03（37.0～106．9） 3～12周：501.76～1170.23（30.1～70.2）
乳酸脱氢酶（LDH）	μ mol.S^{-1}/L（U/L）	出生：4.84～8.37（290～501） 1天～1个月：3.09～6.75（185～407）
门冬氨酸氨基转移酶（SGOT，AST）	U/L	出生～10天：6～25
丙氨酸氨基转移酶（GPT，ALT）	U/L	出生～1个月：0～67
亮氨酸氨肽酶（LAP）	nmol.S^{-1}/L（U/L）	出生～1个月：0～901.8（0～54） >1个月：484.3～985.3（29～59）
碱性磷酸酶（ALP）	μ mol.S^{-1}/L（U/L）	出生～1个月：0.57～1.90（34～114），4.8～16.5金氏单位
酸性磷酸酶（ACP）	μ mol.S^{-1}/L（U/L）	出生～1个月：0.12～0.32（7.4～19.4）
磷酸酯酶（Phospho-esterase）	μ mol.S^{-1}/L（U/L）	出生～2周：0.08～0.27（5.0～16.0） 2.7～8.9金氏单位
α_1-抗胰蛋白酶（α_1-AT）	g/L（mg/dl）	出生～5天：1.43～4.40（143～440）
α-谷氨酸转肽酶（GGT，GGTP）	U/L	脐血：5～53 出生～1个月：13～17

附表7　CPK及同工酶

	CK（U/L）	CK-MB（%）	CK-BB（%）
脐血	70～380	0.3～3.1	0.3～10.5
5～8小时	214～1175	1.7～7.9	3.6～13.4
24～33小时	130～1200	1.8～5.0	2.3～8.6
72～100小时	87～725	1.4～5.4	5.1～13.3
成人	5～130	0～2	0

附表8 新生儿正常血气分析

测定项目	样本来源	出生	1小时	3小时	24小时	2天	3天
阴道分娩足月儿							
pH	脐动脉	7.26	7.3	7.3	7.3	7.39	7.39
	脐静脉	7.29					
PO_2 kPa（mmHg）	动脉	1.1～3.2（8～24）	7.3～10.6（55～80）		7.2～12.6（54～95）		11～14.4（83～108）
PCO_2 kPa（mmHg）	动脉	7.29（54.5）	5.16（38.8）	5.09（38.3）	4.47（33.6）	4.52（34）	4.66（35）
	静脉	5.69（42.8）					
SO_2（%）	动脉	0.198（19.8）	0.938（93.8）	0.947（94.7）	0.932（93.2）		
	静脉	0.476（47.6）					
早产儿（<1250g）	毛细血管						
pH					7.36	7.35	7.35
PCO_2 kPa（mmHg）					5.05（38）	5.85（44）	4.92（37）
早产儿（>1250g）	毛细血管						
pH					7.39	7.39	7.38
PCO_2 kPa（mmHg）					5.05（38）	5.19（39）	5.05（38）

附表9 新生儿血清总蛋白及蛋白电泳 （单位：g/L）

测定项目	脐血	出生	1周
总蛋白	47.8～80.4	46～70	44～76

续表

测定项目	脐血	出生	1周
白蛋白	21.7～40.4	32～48	29～55
α1	2.5～6.6	1～3	0.9～2.5
α2	4.4～9.4	2～3	3～4.6
β	4.2～15.6	3～6	1.6～6
γ	8.1～16.1	6～12	3.5～13

附表10　新生儿凝血因子测定（均值±S）

测定项目	正常成年人	28～31周	32～36周	足月儿	达成人时间
Ⅰ（mg/dl）	150～400	215±28	226±23	246±18	—
Ⅱ（%）	100	30±10	35±12	45±15	2～12个月
Ⅴ（%）	100	76±7	84±9	100±5	—
Ⅶ和Ⅹ（%）	100	38±14	40±15	56±16	2～12个月
Ⅷ（%）	100	90±15	140±10	168±12	—
Ⅸ（%）	100	27±10	—	28±8	3～9个月
Ⅺ（%）	100	5～18	—	29～70	1～2个月
Ⅻ（%）	100	—	30	51（25～70）	9～14天
XⅢ（%）	100	100	100	100	—
生物测定（%）	21±5.6	5±5.3	—	11±3.1	3周
凝血酶原时间（PT）（s）	12～11	23	17（12～21）	16（13～20）	1周
部分凝血活酶时间（PTT）	（s）	44	—	70	55±10
凝血酶时间（TT）（s）	10	16～28	14（11～17）	12（10～16）	数日
血管舒缓素原	100	27	—	33±6	不明

续表

测定项目	正常成年人	28~31周	32~36周	足月儿	达成人时间
激肽原	100	28	—	56±12	不明

附表11　脑脊液检查

测定项目	足月儿	早产儿
白细胞10^6/L		
均值	8.2	9.0
中位数	5	6
标准差（SD）	7.1	8.2
范围	0~32	0~29
±2SD	0~22.4	0~25.4
中性粒细胞（%）	0.613（61.3）	0.572（57.2）
蛋白（g/L）（mg/dl）		
均值	0.9（90）	1.15（115）
范围	0.02~1.7（20~170）	0.65~1.5（65~150）
葡萄糖（mmol/L）（mg/dl）		
均值	2.912（52）	2.8（50）
范围	1.904~6.664（34~119）	1.344~3.53（24~63）
脑脊液/血葡萄糖（%）		
均值	0.81（81）	0.74（74）
范围	0.44~2.48（44~248）	0.55~1.05（55~105）

参考文献

[1] Mazor M, Chaim W, Maymon E, et al.The role of antibiotic therapy in the prevention of prematurity[J]. Clin Perinatol, 1998, 25(3): 659-685.

[2] 中华医学会儿科学分会新生儿学组．中国城市早产儿流行病学初步调查报告[J]．中国当代儿科杂志，2005，7(1)：25-28.

[3] Joseph KS, Kramer MS, Marcoux S, et al.Determinants of preterm birthrates in Canada from 1981 through 1983 and from 1992 through 1994[J]. N Engl JMed, 1998, 339(20): 1434-1439.

[4] 邵肖梅，叶鸿瑁，丘小汕．实用新生儿学.北京：人民卫生出版社，2011.

[5] 薛辛东．儿科学．北京：人民卫生出版社，2002.

[6] 黄从付，王强，胡淑华，等．母乳及配方奶对出院后早产儿生长发育影响的研究[J].中华全科医学，2011，9(5)：684-685.

[7] 马加宝，陈凯.临床新生儿学.山东：山东科学技术出版社，2002.

[8] 吴圣楣，陈惠金，朱建幸，等．新生儿医学.上海：上海科学技术出版社，2006.

[9] 鲍雪梅，王惠平．早期干预对早产儿生长发育影响的结果分析[J].齐齐哈尔医学院学报，2006，27(12)：1455.

[10] 朱建幸．早产儿院外喂养对策研讨会及专家共识[J]．中国新生儿科杂志，2009，24(3)：168-169.

[11]《中华儿科杂志》编辑委员会，中华医学会儿科学分会新生儿学组.早产儿管理指南[J]．中华儿科杂志，2006，44(3)：188-191.

[12] 全裕凤．早产儿慢性肺疾病的防治现状及展望．华夏医学[J]．中华儿科杂志，2009，22(5)：994-996.